天坛公园植物图鉴

北京市天坛公园管理处 ＊ 编著

中国建筑工业出版社

序

天坛公园历史占地面积273公顷，是明清两代祭天的祭坛，1998年被列入世界文化遗产，位于今天北京市市中心偏南，是明清北京城中轴线南段（明初北京城南郊）。

自金代在北京建都以来，历经元明清各朝均为都城，而且天坛地区一直是皇家祭坛用地。先后建造了金代朝日坛，元代圜丘坛，明清天地坛、崇雩坛、大享殿和祈谷坛，明嘉靖十三年（公元1534年）后统称"天坛"。这里是七个祭坛的坛域，亦即900年来一直是皇家禁地，一般民众不得进入。

古代规定祭天于"郊"（在国都南郊），即便到了明嘉靖三十二年（公元1553年）北京增筑了外城，天坛被圈入了城中，还特意将天坛增筑外坛以保持祭坛周环"郊"的风貌和环境直至清末。今天随着城市的飞速发展，城区已向周围扩展几十公里了，天坛地域早已成为市中心，但是因上述原因天坛现有坛域201公顷，仍保留着千年前城郊的植物群落和生态风貌。清代内务府大臣金梁先生曾说过"天坛内广生着千年的原始草（指植被），人多不知其名。"这里是北京城中保存下来的一块原始的植物群落，天人协和，是城市中极具科学价值的原生态孤岛。

多年来天坛科技工作者通过对这块宝地上丰富的植物以及环境进行观测和调研，成功的扩繁、利用等探索研究，完成了"野生地被园林化管理"等课题并获奖。相继建立了科研基地，开展科普教育活动，取得了显著成果，相应也成功地对世界遗产天坛进行了保护，恢复了遗产的历史环境和生态环境，还创造了"二月蓝"、"紫花地丁"等自然草坪景观，为保护世界遗产做出了贡献。这大面积的野花野果还为野生鸟类和植物害虫的天敌，提供了食物、水和栖息地，有效地控制了植物虫害的发生，减少了农药的使用等，为恢复整个北京城市的生态环境做出了有益的探索并获得了成功经验。

天坛科技工作者把多年对地上原生植物观察、记录及保护、扩繁等管理经验，整理编写出版《天坛公园植物图鉴》以飨读者，共记录野生和露地栽培植物共75科，214属，280种及42个种下分类单位，总计322种。书中文字均为本园专业科技工作者一手资料编写完成，内容具体真实、实用，除介绍其科属外，还对其形态、习性、生长环境进行详尽介绍，特别突出其识别特征，每种植物还配有彩色照片数张，照片栩栩如生如见实物，总之方便读者快捷识别。

中国古人祭天，一方面以"天"为神，也以大自然的规律和秩序为"天"，"敬天"、"顺天"、"奉天"即尊重大自然规律，并按大自然规律办事则"吉"。

阅读本书能让读者零距离了解、认识自然，从而热爱自然。保护自然生态就是保护我们人类自己，让我们保护好天坛的历史生态环境，让它与天坛古迹永久传世，让它为改善首都的生态环境做出贡献。

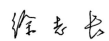

前 言

天坛建成于明永乐十八年（公元1420年），历史占地面积273公顷，现管理面积201公顷，是我国现存最大的一处祭天建筑群。

天坛位于北京城区东南，北纬39°54′27″，东经116°23′17″，平均海拔高度42米，园区土壤质地总体以沙壤土为主，土壤碱性较强，pH值分布在碱性至强碱性区间（7.96～8.93），有机质含量为中等水平。天坛坛域辽阔，古柏数量众多，植被茂密，绿化覆盖率达85%，植物种类特别是自然草本植物十分丰富，有着良好的生态环境。

天坛公园植物调查作为园林绿化重要的基础工作，可为保护和利用现有植物资源提供理论依据，从而进一步提高公园树木和草地管理水平。1992年我园曾专门设立课题，对天坛公园内的植物种类进行了调查，并编写完成《天坛植物志》，获得1995年北京市园林局科技进步一等奖。当时的收录原则为：木本植物，一般能在露地越冬，并能正常开花结实均收入；野生草本均收入；在露地栽培的草本植物录入。经过1992～1993两年的调查，共记录天坛公园内种子植物81科352种（含变种），其中草本植物221种，木本131种（其中含13个变种）。2014～2016年进行的第二次植物调查，历时3年。此次收录的原则稍作调整：木本植物，能在露地越冬，并能正常开花结实均收入；自然草本均收入；在露地长期栽培的草本植物录入。与第一次调查原则的区别是：临时环境布置所用盆花品种未作为本次调查的录入对象。

此次共收录天坛公园内维管束植物共计75科，214属，280种及42个种下分类单位，总计322种。每种植物拍摄了多张原色彩色照片，包括其生境、枝叶、花、果实等整体和局部特征，文字内容介绍了植物形态识别特征及在园内分布等。从1993年至2016年，时间跨度23年，两次的植物调查结果发生了很多变化。自然草本植物消失51种，新增加28种，究其原因与气候条件变化、草地管理方式、游客数量增加、随外来植物带入等因素有关。原来就少量存在的芦苇（*Phragmites australis*）、鹅肠菜（*Myosoton aquaticum*）、碎米荠（*Cardamine hirsuta*）、菥蓂（*Thlaspi arvense*）、漆姑草（*Sagina japonica*）、腺毛委陵菜（*Potentilla longifolia*）、百蕊草（*Thesium chinense*）、蝎子草（*Girardinia suborbiculata*）都已难觅踪影，新发现了草胡椒（*Peperomia pellucida*）、全叶马兰（*Kalimeris integrifolia*）、半边莲（*Lobelia chinensis*）等草本植物。其中草胡椒、合被苋（*Amaranthus polygonoides*）疑为随植物材料带入公园内。

本次调查对原来调查时出现的错误作了修正，乔木植物如黄金树（*Catalpa speciosa*）改为楸（*Catalpa bungei*）树，欧洲栎重新鉴定为夏栎（*Quercus robur*），增加了河北梨（*Pyrus hopeiensis*）、秋子梨（*Pyrus ussuriensis*）、湖北梣（*Fraxinus hupehensis*）、美国红梣（*Fraxinus pennsylvanica*）、水曲柳（*Fraxinus mandschurica*）等乔木品种。本书对于植物形态的描述，以可视特征或性状为主，较细致或需利用放大镜、解剖器具才能观察的特征并未记录。

本书图文并重，采用图文对照的方式，集专业与科普为一体，既适于大专院校相关专业及科研单位做教学和生态研究，又适合中学生和爱好者作为热爱自然、认识自然、识别植物的工具书。图鉴本身也极具艺术欣赏价值，可供工艺美术工作者进行创作和设计的参考。

本书编写期间得到了中国农业大学李连芳教授的大力支持，在物种鉴定方面给予多次指导和无私帮助，在此深表感谢！由于编者水平有限，本书在物种鉴定、图片拍摄、文字描述等方面还存在很多疏漏与不足，欢迎读者批评指正。

书写规则

　　本图鉴所收录植物的中文名和拉丁学名大多依据《中国植物志》，对于《中国植物志》未收录植物的中文名和拉丁学名则依据《北京植物志》(1984年版)及专业参考书籍。植物的科属分类方面，蕨类植物按照秦仁昌系统排列，裸子植物按照郑万钧系统排列，被子植物按照恩格勒系统排列。物种的识别和鉴定主要参考《中国植物志》和《北京植物志》(1984年版)的记述。

　　除了中文名和拉丁学名以外，书中部分植物的俗称被列在中文名之后，并且将这些俗称编入书末的中文名索引中，帮助读者更加快速简便地进行查询。书末附有植物拉丁名索引、中文名索引。

　　图鉴中采用的拉丁学名大多以《中国植物志》为准，但保留了裂叶牵牛(*Pharbitis hederacea*)，未将其与牵牛(*Pharbitis nil*)合并。

　　米口袋(*Gueldenstaedtia verna* ssp. *multiflora*)、樟子松(*Pinus sylvestris* var. *mongolica*)、重瓣棣棠花(*Kerria japonica* f. *pleniflora*)、金镶玉竹(*Phyllostachys aureosulcata* 'Spectabilis')等16个种下分类单位的原种在园内没有分布，参考《中国植物志》对暴马丁香(*Syringa reticulata* var. *amurensis*)的处理方法(1992年《中国植物志》第61卷081页)，在目录及各论中给予以上16个种下分类单位编号。

　　为了便于读者了解植物在园内的分布情况，本书将天坛公园划分为35个区，读者可根据分区编号找到相应的植物。

　　植物的拉丁学名(简称拉丁名或学名)是国际通用的名称。主要由属名和种加词组成，其后附有命名人的姓氏缩写。在种的下面可能有亚种(ssp.)、变种(var.)和变型(f.)等种下分类单位，它们的拉丁名加在种加词之后，前面分别用"ssp."、"var."、"f."作为标志词，其后也附有命名人。拉丁名的主体部分(属名、种加词、亚种名、变种名和变型名)通常在印刷时用斜体，标志词用正体，属名的首字母大写，其余字母一律小写。命名人若是两人，则用"et"连接；如果两人名之

间用"ex"连接，表示该拉丁名是由前者提议而由后者发表的。有时在命名人前的括号中还有命名人，这是属名有改变或分类等级有调整，括号内的是原命名人。拉丁名中有时会出现×（乘号），它在属名前是属间杂种，在属名后是种间或种内杂种。

园林植物有许多栽培变种（cv.），也叫园艺变种或品种。其国际通用名一律置于单引号内，首字母均要大写，印刷时用正体，其后不附命名人；按国际新规定，前面也不再冠以"cv."标志。

为了使文字简洁明了，正文部分所有植物的拉丁学名后均未加注命名人的姓氏缩写，种下分类单位植物的拉丁学名不加注原种的属名和种加词，仅紫叶稠李例外。

目 录

天坛植物总论
天坛植物各论

天坛坛域辽阔，植被茂密，绿化覆盖率达85%，植物种类特别是自然草本植物十分丰富。

一、天坛植被的变迁

天坛是明清两代帝王祭天的场所，其历史植被风貌特点是"郊坛"，出于对祭天环境的需要，明清时期坛内树木除轴线周围人工种植的柏林外，其余大部分地区为混交树林，林下是自然草丛，并有大片由坛户耕种的农田，一片郊野气氛。民国时期，由于战乱不断和长期失管，园内树木损毁严重，荒草高可及人。中华人民共和国成立后，连年植树、种草，使园内植被景观发生了很大的变化。

（一）树木

元朝时，正阳门以南多为沼泽，"野水弥漫，荻花萧瑟"；原有树木较少，多为杨、柳、榆、槐等乡土树种，天坛坛址原为一高阜，建坛时进行了大规模的土地平整，现坛内地面高于坛外1~2米。在进行土木建筑的同时，也有计划地进行植树；由于祭天在冬至日，出于"苍璧礼天"的思想和规整严肃的祭天气氛要求，坛内树木均为株行距6~8米行列种植的圆柏、侧柏。五百多年来，对现有树木布局有较大影响的植树活动有：

（1）1420年建坛初期栽植的，位置主要在天地坛（今祈谷坛）周围。

（2）1530年扩建天坛，增建圜丘坛时栽植的圆柏、侧柏，经过这两次大规模植树，形成了天坛的基本绿化格局，即内坛规整的柏林和外坛自然散点混交树林的绿化基调；现坛内1147株一级古柏多为以上时期所植。

（3）乾隆初年（1736年）对坛内柏树缺株进行补植，并新植扩大柏林面积，形成今天的古柏林规模，按这个规模及株行距推算，当时的柏林应有圆柏、侧柏9000多株，现坛内2400多株二级古树均为此时所植。在祈谷坛坛门（今公园西大门）至月季园南侧，种植国槐行道树。

（4）民国时期对古柏林进行补植，在斋宫东侧、北侧及西天门（今公园西二门）内等处种植侧柏林，在祈谷坛坛门内大道两侧种植圆柏行道树。

（5）1953年，大搞普遍绿化，散点种植速生树种，多为加杨、小叶杨，丁香林亦为此时栽植。

（6）1959~1963年，对坛内大片农田进行植树绿化，1959年，在丹陛桥东侧大长幅种植油松，形成数量达3300多株、面积8公顷的油松林，1959~1963年，在"园林绿化结合生产"的思想指导下，栽植近万株果树，并大量种植小麦、玉米、高粱、白薯、白菜、萝卜、南瓜、蓖麻等作物。

（7）1963年建当时国内最大的月季园，面积1.3公顷。

（8）1972年开始在古柏林中补植圆柏、白皮松；1976年在北门、东门内栽植龙柏、圆柏行道树。

（9）1984开始，逐年调整绿化方向，伐除果树，搬迁花木公司，搬走土山，大幅度增加以圆柏为主的常绿树数量。

（10）1991～2001年，伐除苹果、桃及各类果树6157株，栽植圆柏、侧柏、油松、银杏等12500株，在东北外坛、西北外坛形成针阔混交林。

（11）2004年，作为天坛公园绿化建设项目，完成东北外坛环线以南、百花园等区域的植物改造。栽植常绿树467株，落叶树122株，花灌木807株，宿根植物1500株。除栽植油松、柏树常绿树外，增加了碧桃、现代海棠、玉兰、丁香、新疆忍冬、连翘、迎春、小花溲疏、锦带花等植物种类。

（12）2007年完成东北外坛东环线以北景观完善工程，栽植旱柳、碧桃、紫薇、栾树、银杏、国槐、地被菊等植物品种。

（13）2012～2013年完成西北外坛环线南北两侧景观完善工程，路两侧增植花灌木：榆叶梅、丁香、山桃、欧洲荚蒾、紫藤等，丰富了该地区的植物景观。

（二）草本植物

1. 自然条件变化对草本植物的影响

明清时期，天坛的林下草地，均为自然生长的野生草种；当时周围池泽遍地，地下水位较高，有很多湿生植物，其中最著名的即为益母草。天坛神乐观的道士采集坛内益母草，制成妇科良药益母草膏出售，药效显著，被称为天坛特产。随清末以来对天坛地区的不断改造，金鱼池等水沼均被填平，水位逐年下降，野生草中湿生植物数量剧减，现仅见少量的芦苇、罗布麻、酸模叶蓼、皱叶酸模、鹅肠菜、沼生薄菜等，益母草几乎绝迹。

2. 自然草地的利用管理

（1）利用管理过程

1918年天坛作为公园对外开放后，还是野草覆盖地面。自20世纪60年代初开始发展草坪地被，曾组织种植野牛草、大小羊胡子，但自然草地一直到1985年仍沿袭镰刀控制防止火灾。由于需要大量人工，常常由于管理不及而荒草萋萋。

1985年起，天坛开始自行研制拖挂式打草机，逐年改进，有效地解决了草荒这一自然草地利用中的关键问题。十几个人一周时间就可将全园100公顷的自然草地修剪一遍，使大规模利用自然草地成为可能。

20世纪90年代初，开始进行野草利用管理的研究，1992～1993年两年的调查，共记录到野生草本植物40科153种，采集标本200余份，拍摄照片

400余幅，并对有应用前景的64种植物的生长环境、生长规律加以记录。摸索出一套对自然草地实行园林化管理的办法。采取以修剪为主控制高度，辅以扩繁、调配、灌溉等措施进行合理的人工干预，使之整齐美观。

随着大规模机械化修剪，对自然草地中观赏好的草种如二月蓝进行人工辅助培育，使之成为特色。6月底及时采收种子，8月播种，经过几年，渐成气候。初春，古柏区大片二月蓝绽放，获得"香雪海"的美誉。通过"野生草地园林化管理、人工草坪多样化建植"的措施，达到了"景区干道视线所及地带消灭了裸露地面"。2003年开始，自然草地管理一改过去草高即割、种类减少的管理方式为首次结籽期延迟修剪、种子自播的园艺手段，有效地解决了自然草地的退化问题。2006开始出现遍及全园享有"香雪海"美誉的二月蓝、黄花烂漫的抱茎小苦荬等景观，既黄土不裸露又季相更替，呈现出良好的生态环境。

2014~2016年对园内野生地被植物进行调查统计，记录野生草本植物136种，与1994年调查结果相比，减少51种，新增加28种。拍摄图片3000余幅。

（2）管理经验

① 精准修剪时间
一是6月末二年生双子叶草结籽后开始枯黄，这时首先人工收集种子，然后进行野生草地的第一次修剪。二是注意禾本科野草，尤其是一年生禾草种子成熟时间，应在9月下旬至10月上旬打最后一遍草。

② 控制修剪高度
保持草地修剪高度在10~30厘米，特别是秋季修剪，修剪过低会影响第二年草地的覆盖度。

③ 适时补播种籽
通过种子成熟时修剪而自然播种外，将采收的二月蓝等草籽在7~8月雨季人工撒播，有利于发芽出苗，秋季覆盖地面，第二年开花结实。

④ 围栏古柏林区
良好的环境保护使自然地被呈现出特有的景观效果，也有助于古柏林区生态系统的稳定，突出天坛特色。

（3）自然地被的研究

为了科学管理和利用自然地被，天坛公园绿化管理人员始终遵循自然地被的生长规律，同时不断进行科学研究。自1993年至2016年，天坛公园进行了与自然地被有关的科研课题研究10项，内容包括打草机的研制、野生地被资源在园林绿化中的筛选与应用、古柏树群落中地被植物恢复、自然地被的生态作用、天坛植物志、天坛植物图鉴、生态科普等内容。充分发挥生态科普的作用，坚持利用各种形式进行自然地被科普宣传，制作展板、视频，开展自然科普课堂引导游客认识自然、享受自然、热爱自然，提高市民保护生态环境的意识。

序号	项目名称	获奖名称	颁奖时间
1	TT12-03 拖挂式打草机的研制	北京市园林局科技进步一等奖	1993
2	野生地被资源在园林绿化中的应用	1993年市政管委系统优秀科技成果二等奖	1994
3	天坛植物志	北京市园林局科技进步一等奖	1995
4	几种野生地被植物的筛选应用	北京市园林局科技进步二等奖	2002
5	天坛生物多样性保护监测研究	北京市公园管理中心科技进步三等奖	2008
6	古柏林区有害生物生态调控技术的研究	北京市公园管理中心科技进步三等奖	2010
7	天坛公园古柏树群落保护及地被植物恢复	北京市公园管理中心科技进步二等奖	2011
8	天坛植物配置溯源及文化创意和规划建园探讨	北京市公园管理中心科技进步三等奖	2013
9	古柏林区地被资源整理应用及其维护技术研究	北京市公园管理中心科技进步三等奖	2013
10	抱茎苦荬菜生长发育及种子生产的研究和应用	北京市公园管理中心科技进步三等奖	2017

3. 人工草坪植被

（1）1954年开始在坛内大面积栽种羊胡子草。20世纪60年代作了朝鲜结缕草和狗牙根的引种栽植（早已绝迹）。70～80年代，栽种了一批野牛草。

（2）1995年开始建植冷季型草坪，随着公园大环境改造，在主要景区和游览干线均采用冷季型草坪，获得较好的景观效果。

（3）1998年开始在林荫地区种植麦冬、涝峪薹草，发挥其耐阴性强、管理粗放的优点。至2017年全园已种植麦冬、涝峪薹草40公顷，占全园人工草地面积的60%。

（4）天坛大片的古柏林，过去游人踩踏、蹭树现象严重，土壤坚硬瘠薄，对古树生长不利，公园划定古柏保护区设置围栏，保护"活的文物"。2003年在林内种植白三叶、红三叶、小冠花等豆科植物，提高了土壤肥力，促进了古柏生长。

（5）2003年为丰富地被草坪植物的多样性，结合天坛有种植益母草等中草药的历史文化，在西门地区改造的同时，增建药草园，园内筛选种植了一些如板蓝根、桔梗、黄芩、丹参、射干等既具有观花效果又易于管理的中草药植物。

通过在古柏一区每年补播二月蓝种子，始终保持着"香雪海"景观。

（6）2005年斋宫内外河道改造以"蓝色海洋"为主题，选种兰花系列品种马蔺、桔梗、黄芩及野花组合，改变该地区的景观。

（7）2014年原园林学校苗圃改建为天坛生态科普园，园内种植近90余种观赏及药用宿根植物，作为开展生态科普活动的基地。

二、天坛的植被

经建坛至今近600年的植树绿化，天坛形成内坛以常绿乔木为主，百花园、月季园内坛点缀其间，外坛以落叶林和混交林为主的植被类型，树木总数达5.6万株。

（一）绿化概况

天坛绿化情况（2014年）　　　　　　　　　　　　　　　　　　表2　　　　

树种类型	代表植物	数量
落叶乔木	国槐、银杏、毛白杨、西府海棠、杏树	6144 株
常绿乔木	侧柏、桧柏、油松、白皮松、雪松	35152 株
古树	侧柏、桧柏、国槐、银杏、油松	3562 株
常绿灌木	黄杨、大叶黄杨、女贞	1424 株
落叶灌木	连翘、碧桃、丁香、榆叶梅、金银花、珍珠梅等	2904 株
花卉	月季	8400 株
攀缘植物	美国地锦、紫藤、地锦	2590 株
人工草地	早熟禾、麦冬、涝峪薹草	73 公顷
自然草地	二月蓝、抱茎苦荬菜、狗尾草、马唐等	100 公顷
绿化覆盖率	85%	

（二）天坛植物群落的空间结构

从历史上看，天坛植被的空间结构比较简单，一是林区，为乔木、地被两层结构；二是农田，经过解放以来不断改造、原有农田均已植树，形成上层国槐、银杏等落叶树以及油松、侧柏等常绿树，下层地被的两层结构，处于中层的连翘、榆叶梅等灌木在上世纪50至80年代中期数量一直是不断增加的，但从80年代后期开始，在天坛总体规划的指导下，基本没有新植，并逐年调整，数量日减，2004~2013年，东北外坛及西北外坛的植物调整，增加了大量碧桃、木槿、贴梗海棠、宿根花卉、麦冬等植物，故今后天坛内坛植被空间结构仍将是恢复历史上上层常绿乔木，下层自然地被的两层结构，外坛常绿与落叶植物混交，形成乔、灌、草三层结构。

在北京的自然条件下，就天坛这一范围而言，由于土壤、水分、温度等因素的相似，光照则成为生态类型的决定因素。受林内和林间以及乔木林的郁蔽度不同的影响，适应于不同的日照强度，林下野生地被亦由生态习性相近的种类组成变化丰富的植物群落。按日照强度的不同，我园的植被生态类型可分为三种：

（1）蔽阴型

由于上层乔木树冠相接，基本郁蔽，林下光照强度不及全日照的50%，林下的地被植物均具备较强的耐阴性。上、中层乔木主要有侧柏、圆柏、毛白杨、国槐等，地被植物主要有二月蓝、蒲公英、青绿薹草、麦冬等，多为二年生或多年生草本植物。

（2）疏阴型

油松林、西北外坛等未郁蔽或稀疏林地，地面光照为全光的50%～85%，这一地区由于树下和树间光照强度相差很大，小范围内即可见到属于蔽阴型或全光型的群落类型，地被植物种类十分丰富，可见到园内绝大多数野生草种。

（3）全光型

地面光照达全光照的85%以上，属于这一类型的地区为林间空地、空旷地，这类地被植物较喜光，有些较耐旱，多数一年生植物都属于这一类型；常见的有：葎草（拉拉秧）、灰菜、苋菜、独行菜、委陵菜类、蒿、甘菊、早熟禾类、马唐、蟋蟀草、狗尾草、稗等。

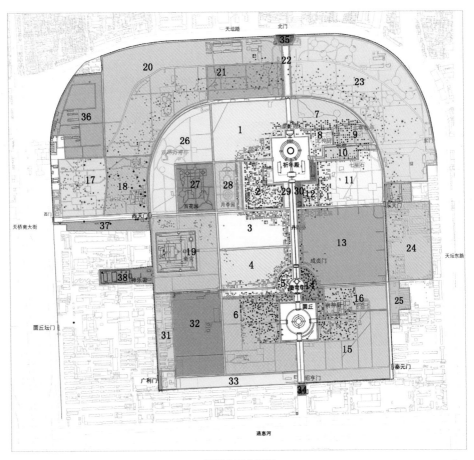

天坛公园分区图

北

1

荚果蕨
Matteuccia struthiopteris

球子蕨科　荚果蕨属

外观＊多年生草本，植株高30～50厘米。

根茎＊根状茎粗壮，短而直立，木质，坚硬，深褐色。

叶＊叶簇生，二形。不育叶叶柄褐棕色，密被鳞片，叶片椭圆披针形至倒披针形，向基部逐渐变狭；二回深羽裂，互生或近对生，中部羽片最大，披针形或线状披针形，无柄，草质。能育叶较不育叶短，有粗壮的长柄，叶片倒披针形，一回羽状，羽片线形，两侧强度反卷成荚果状。

孢子囊＊孢子囊群圆形，成熟时连接而成为线形。

园内分布＊分布于2、20区。

2

银杏
Ginkgo biloba

银杏科　银杏属

外观＊落叶乔木，高可达40米。大树树皮呈灰褐色，深纵裂，粗糙。

枝条＊枝近轮生，斜上伸展；一年生的长枝淡褐黄色，二年生以上变为灰色，并有细纵裂纹；短枝密被叶痕，黑灰色。

叶＊叶扇形，叶柄无毛，叶在一年生长枝上螺旋状散生，在短枝上呈簇生状，秋季落叶前变为黄色。

花序＊雌雄异株，单性。雄球花呈荑荑花序下垂；雌球花具长梗，梗端常分两叉。

花＊雄球花呈荑荑花序下垂；雌球花具长梗，梗端常分两叉。

种子＊种子具长梗，常为椭圆形、长倒卵形，外种皮肉质，成熟时黄色或橙黄色，外被白粉，有臭味。

花果期＊花期3～4月，果期9～10月。

园内分布＊分布于17、18、20、23区。

014

3

粗榧

Cephalotaxus sinensis

三尖杉科　三尖杉属

外观＊常绿小乔木或灌木，高可达10米，树皮灰色或灰褐色，裂成薄片状脱落。

枝条＊小枝对生。

叶＊叶线形、较窄，排成两列，边缘不向下反曲，近无柄，先端通常渐尖或微凸尖，表面深绿色，中脉明显，背面有两条白色气孔带。

花序＊球花单性，雌雄异株，稀同株。

花＊雄球花成头状花序，腋生，几无梗，雌球花具长梗，生于小枝基部（稀近枝顶）苞片的腋部。

种子＊核果状，全部包于由珠托发育成的肉质假种皮中，卵圆形、椭圆状卵圆形或圆球形。

花果期＊花期3～4月，种子10～11月成熟。

园内分布＊分布于20区（科普园）。

4

杉松

别名：辽东冷杉

Abies holophylla

松科　冷杉属

外观＊常绿乔木，高可达30米；老树树皮浅纵裂，呈条片状，灰褐色或暗褐色。

枝条＊平展，一年生枝淡黄灰色或淡黄褐色，二、三年生枝呈灰色、灰黄色或灰褐色。

叶＊在果枝下面列成两列，上部的叶斜上伸展，在营养枝上排成两列，条形，直伸或成弯镰状。

花序＊花单性，雌雄同株，单生于去年枝上的叶腋。

花＊雄球花幼时长椭圆形或矩圆形，后呈穗状圆柱形，下垂；雌球花短圆柱形，直立。

球果＊球果直立，卵状圆柱形至短圆柱形。

花果期＊花期4~5月，球果10月成熟。

园内分布＊分布于20区（科普园）。

5

雪松
Cedrus deodara

松科　雪松属

外观＊常绿乔木，高可达50米，树皮深灰色，裂成不规则的鳞状块片。

枝条＊平展、微斜展或微下垂，一年生长枝淡灰黄色，密生短绒毛，微有白粉，二、三年生枝呈灰色、淡褐灰色或深灰色。

叶＊长枝上辐射伸展，短枝上呈簇生状；针形叶，坚硬，淡绿色或深绿色。

花序＊球花单性，雌雄同株，直立，单生短枝顶端。

花＊雄球花长卵圆形或椭圆状卵圆形。

球果＊卵圆形或宽椭圆形，成熟时红褐色，有短梗。

花果期＊花期10~11月，球果翌年10月成熟。

园内分布＊分布于26、27、28区。

6

白扦

Picea meyeri

松科　云杉属

外观＊常绿乔木，高可达30米，树皮裂成不规则鳞片或稍厚的块片脱落。

枝条＊一年生枝条淡褐黄色，稀无毛，二、三年生枝条灰褐色、褐色或淡褐灰色，无白粉。

叶＊主枝之叶辐射伸展，侧枝上面之叶向上伸展，下面及两侧之叶向上方弯伸；叶四棱状条形，先端微钝或钝，四面有白色气孔线。

花序＊球花单性，雌雄同株。

花＊雄球花单生叶腋，稀单生枝顶，黄色或深红色；雌球花单生枝顶，红紫色或绿色。

果球＊圆柱形，成熟前绿色，成熟时褐黄色。

花果期＊花期4~5月，球果9~10月成熟。

园内分布＊分布于20（科普园）、27区。

7

青扦
Picea wilsonii

松科　云杉属

外观＊常绿乔木，高可达50米，树皮呈不规则鳞状块片脱落。

枝条＊一年生枝条淡黄绿色或淡黄灰色，二、三年生枝条灰色或淡褐灰色。

叶＊排列较密，在小枝上部向前伸展，小枝下部的叶向两侧伸展；叶片四棱状条形，直或微弯，较短，先端尖。

花序＊球花单性，雌雄同株。

花＊雄球花单生叶腋，稀单生枝顶，黄色或深红色；雌球花单生枝顶，红紫色或绿色。

果球＊圆柱形或长卵圆形，成熟前绿色，成熟时黄褐色或淡褐色。

花果期＊花期4月，果期9～10月。

园内分布＊分布于20区（科普园）。

8

华山松
Pinus armandii

松科　松属

外观＊常绿乔木，高可达35米，老树树干灰色，呈方形或长方形厚块片固着于树干上，或脱落。

枝条＊一年生枝绿色或灰绿色，无毛，微被白粉。

叶＊5针一束，稀6～7针一束。

花序＊球花单性，雌雄同株。

花＊雄球花黄色，生于新枝下部的苞片腋部，呈穗状，排列较疏松。

球果＊成熟时黄色或褐黄色；成熟时种鳞张开，种子脱落。

花果期＊花期4～5月，球果翌年9～10月成熟。

园内分布＊分布于20区（科普园）。

9

白皮松

Pinus bungeana

松科　松属

外观＊常绿乔木，高可达30米，主干明显，或从树干近基部分成数个分枝，老树树皮呈淡褐灰色或灰白色，裂成不规则的鳞状块片脱落，脱落后树皮近光滑。

枝条＊细长，斜展，一年生枝灰绿色，无毛。

叶＊3针一束，粗硬，螺旋状着生。

花序＊球花单性，雌雄同株。

花＊雄球花多数聚生于新枝基部，呈穗状；雌球花单生或2～4个生于新枝近顶端，直立或下垂。

果球＊通常单生，初直立，后下垂，成熟前淡绿色，成熟时淡黄褐色，卵圆形或圆锥状卵圆形，有短梗或几无梗。

花果期＊花期4～5月，果球翌年10～11月成熟。

园内分布＊分布于11、21、30区。

10

樟子松
Pinus sylvestris var. mongolica

松科　松属

外观＊常绿乔木，高可达25米，下部灰褐色或黑褐色，深裂成不规则的鳞状块片脱落，上部树皮及枝皮黄色至褐黄色，裂成薄片脱落。

枝条＊一年生枝淡黄褐色，二、三年生枝呈灰褐色。

叶＊2针一束，粗硬，常扭曲，边缘有细锯齿；叶鞘基部宿存，黑褐色。

花序＊球花单性，雌雄同株。

花＊雄球花圆柱状卵圆形，聚生新枝下部；雌球花有短梗，淡紫褐色，下垂。

球果＊卵圆形或长卵圆形，成熟前绿色，成熟时淡褐灰色，成熟后开始脱落。

花果期＊花期5～6月，球果翌年9～10月成熟。

园内分布＊分布于20区（科普园）。

11

油松
Pinus tabuliformis

松科　松属

外观＊常绿乔木，高可达25米，树皮灰褐色，裂成不规则较厚的鳞状块片，裂缝及上部树皮红褐色，老树树冠平顶。

枝条＊平展或向下斜展，小枝较粗，褐黄色，无毛，幼时微被白粉。

叶＊2针一束，螺旋状着生，叶鞘初呈淡褐色，后呈淡黑褐色，叶深绿色，粗硬，边缘有细锯齿。

花序＊球花单性，雌雄同株。

花＊雄球花圆柱形，在新枝下部聚生成穗状，雌球花单生或2～4个生于新枝近顶端，直立或下垂。

球果＊卵形或圆卵形，有短梗，向下弯垂，成熟前绿色，成熟时淡黄色或淡褐黄色。

花果期＊花期4～5月，果球翌年10月成熟。

园内分布＊分布于13、27区。

水杉

Metasequoia glyptostroboides

杉科　水杉属

外观＊落叶乔木，高可达35米，树皮裂成长条状脱落，内皮淡紫褐色。

枝条＊二、三年生枝淡褐灰色或褐灰色，斜展，侧生小枝冬季凋落。

叶＊在侧生小枝上羽状排列，小叶条形，扁平，柔软，近无柄，冬季与侧生小枝一同脱落。

花序＊球花单性，雌雄同株。

花＊雄球花单生叶腋或枝顶；雌球花单生于去年生枝顶或近枝顶。

球果＊下垂，近球形，成熟前绿色，成熟时深褐色。

花果期＊花期4月下旬，球果11月成熟。

园内分布＊分布于25区。

13

北美香柏
Thuja occidentalis

柏科　崖柏属

外观＊常绿乔木，在原产地高可达20米；树皮红褐色或橘红色，纵裂成条状块片脱落。

根茎＊枝条开展，树冠塔形；当年生小枝扁，2～3年后逐渐变成圆柱形。

叶＊鳞叶先端急尖，有长尖头，中央鳞叶楔状，尖头下方有透明隆起的圆形腺点，主枝上鳞叶的腺点较侧枝的为大，两侧的鳞叶常较中央的叶稍短或等长，尖头内弯。

花序＊雌雄同株，球花生于小枝顶端。

花＊雄球花具多数雄蕊；雌球花具3～5对交叉对生的珠鳞。

球果＊球果幼时直立，绿色，后呈黄绿色、淡黄色或黄褐色，成熟时淡红褐色，向下弯垂。

花果期＊花期4～6月，球果9～10月成熟。

园内分布＊分布于25区。

14

侧柏
Platycladus orientalis

柏科　侧柏属

外观＊常绿乔木，高可达20米，幼树树冠卵状尖塔形，老树树冠广圆形，树皮薄，浅灰褐色，纵裂成条片。

枝条＊向上伸展或斜展，生鳞叶的小枝细，向上直展或斜展。

叶＊鳞片状，交叉对生，两面均为绿色，扁平，排成一平面。

花序＊雌雄同株，花单性。

花＊雄球花黄色，卵圆形；雌球花近球形，被白粉。

球果＊近卵圆形，成熟前近肉质，蓝绿色，被白粉，具明显尖头，成熟后木质，开裂，红褐色。

花果期＊花期3～4月，球果9～10月成熟。

园内分布＊全园广泛分布。

园内常见栽培变种：

○金塔侧柏'Beverleyensis'
小乔木，树冠塔形；新叶金黄色，
后渐变成绿色。
园内分布 * 分布于20区（科普园）。

15

圆柏

别名：桧柏

Sabina chinensis

柏科　圆柏属

外观＊常绿乔木，高可达20米，树皮深灰色，纵裂，呈条片开裂，幼树树冠尖塔形，老树树冠广圆形。

枝条＊幼树的枝条通常斜上伸展；老树下部大枝平展；小枝通常直立或稍呈弧状弯曲。

叶＊叶二型，轮生，幼树多为刺叶，老龄树多为鳞叶，壮龄树兼有刺叶与鳞叶。

花序＊花单性，雌雄异株，球花单生短枝顶端，稀同株。

花＊雄球花黄色，椭圆形；雌球花黄绿色。

球果＊近圆球形，成熟时暗褐色，被白粉或白粉脱落。

花果期＊花期4月，球果翌年成熟。

园内分布＊全园广泛分布。

园内常见栽培变种和变型：

○龙柏 'Kaizuca'

树体通常瘦削，呈圆柱形树冠，侧枝短而环抱主干，端梢扭转上升，如龙舞空。全为鳞叶，嫩时鲜黄绿色，老则变灰绿色。

园内分布＊分布于10、22区。

○垂枝圆柏 f. *pendula*
小枝细长下垂。
园内分布 * 分布于4区。

16

叉子圆柏

别名：砂地柏

Sabina vulgaris

柏科　圆柏属

外观＊常绿匍匐灌木，高不及1米。

枝条＊枝密，斜上伸展，枝皮灰褐色，裂成薄片脱落，一年生枝条分枝圆柱形。

叶＊叶二型，幼树常为刺叶，稀在壮龄树上与鳞叶并存，叶常交互对生或兼有三叶交叉轮生；鳞叶交互对生，斜方形或菱状卵形。

花序＊雌雄异株，稀同株。

花＊雄球花椭圆形或矩圆形；雌球花下垂或初期直立而随后下垂。

球果＊生于向下弯曲的小枝顶端，倒三角状卵型，成熟前蓝绿色，成熟时褐色至紫蓝色或黑色，被白粉。

花果期＊花期4～5月，果球9～10月成熟。

园内分布＊分布于10、23区。

17

毛白杨

Populus tomentosa

杨柳科　杨属

外观＊落叶乔木，高可达30米，树皮老时基部黑灰色，上部灰白色，纵裂，粗糙，散生皮孔菱形。

枝条＊侧枝开展，雄株斜上，小枝初被灰毡毛，后光滑，老树枝条下垂。

叶＊长枝叶三角状卵形，边缘具波状齿，叶背密生毡毛，后渐脱落，叶柄顶端具腺点；短枝叶柄顶端无腺点。

花序＊花单性，雌雄异株，葇荑花序，下垂，常先叶开放，雄花序较雌花序稍早开放。

花＊花药红色；柱头粉红色。

果实＊蒴果，圆锥形或长卵形。

花果期＊花期3月，果期5月。

园内分布＊分布于11、23、25、29、31区。

18

新疆杨

Populus alba var. *pyramidalis*

杨柳科 杨属

外观＊落叶乔木，高可达30米，树冠窄圆柱形或尖塔形，树皮灰白或青灰色。

枝条＊小枝初被白色绒毛。

叶＊长枝叶掌状深裂，基部平截；短枝叶圆形，有粗缺齿，侧齿几对称，基部平截，叶背绿色几无毛。

花序＊葇荑花序下垂，花序轴有毛，常先叶开放。

花＊花药红色，在北京仅见雄株。

花果期＊花期4～5月。

园内分布＊分布于20区（科普园）。

19

加杨

Populus × canadensis

杨柳科　杨属

外观＊落叶大乔木，高可达30米，干直，树冠卵形，树皮粗厚，深沟裂，褐灰色。

枝条＊小枝圆柱形，稍有棱角，稀微被短柔毛；大枝微向上斜伸。

叶＊叶三角形或三角状卵形，表面暗绿色，背面淡绿色，一般长大于宽，叶缘具圆锯齿，叶柄侧扁而长。

花序＊花单性，雌雄异株，罕有杂性；葇荑花序下垂，常先叶开放。

花＊雄花序暗红色，雌花序黄绿色。

果实＊蒴果卵圆形。

花果期＊花期3～4月，果期4～5月。

园内分布＊分布于23、25、31区。

小叶杨

Populus simonii

杨柳科　杨属

外观＊落叶乔木，高可达20米，树冠近圆形，树皮幼时灰绿色，老时暗灰色，沟裂。

枝条＊幼树小枝及萌枝有明显棱脊，常为红褐色，后变黄褐色，老树小枝圆形，细长而密，无毛。

叶＊叶菱状卵形、菱状椭圆形状倒卵形，中部以上较宽，边缘具细锯齿，上面淡绿色，下面灰绿或微白，无毛；叶柄黄绿色或带红色，无毛。

花序＊花单性，雌雄异株；葇荑花序，下垂，常先叶开放。

花＊雄花序轴无毛，苞片细条裂；雌花序苞片淡绿色，裂片褐色，无毛。

果实＊蒴果小，无毛。

花果期＊花期4~5月，果期5~6月。

园内分布＊分布于13区。

21

旱柳
Salix matsudana

杨柳科　柳属

外观＊落叶乔木，高可达18米，大枝斜上，树冠广圆形，树皮暗灰黑色，有裂沟。

枝条＊细长，直立或斜展，浅褐黄色或带绿色，后变褐色，无毛，幼枝有毛。

叶＊披针形，有光泽，叶背苍白色，有细腺锯齿缘。

花序＊花单性，雌雄异株，罕有杂性；菜荑花序，与叶同时开放；雄花序圆柱形；雌花序较雄花序短，有3～5小叶生于短花序梗上。

花＊花药黄色。

果实＊蒴果2瓣裂。

花果期＊花期4月，果期5月。

园内分布＊分布于20区。

園内常见变型：

○龙爪柳 f. *tortuosa*
枝条自然扭曲。
园内分布＊分布于25区。

22

垂柳

Salix babylonica

杨柳科　柳属

外观＊落叶乔木，高可达18米，树冠开展，树皮灰黑色，不规则开裂。

枝条＊枝细，下垂，淡褐黄色、淡褐色或带紫色。

叶＊叶狭披针形或线状披针形，表面绿色，叶背色较淡，锯齿缘；叶柄长有短柔毛。

花序＊花单性，雌雄异株；葇荑花序，先叶开放，或与叶同时开放，雄花序有短梗；雌花序基部有3～4小叶。

花＊花药黄色，雄蕊2。

果实＊蒴果绿黄褐色。

花果期＊花期3～4月，果期4月。

园内分布＊分布于23区。

园内常见栽培变种：

○金丝垂柳（金枝白垂柳）'Tristis'
是金枝白柳（'Vitellina'）与垂柳的杂交种。
小枝亮黄色，细长下垂，叶狭披针形，背面
发白。
园内分布 * 分布于23区。

041

23

枫杨
Pterocarya stenoptera

胡桃科　枫杨属

外观＊落叶乔木，高可达30米，树皮深纵裂。

枝条＊小枝灰色至暗褐色，具灰黄色皮孔。

叶＊多为偶数羽状复叶，互生，常集生于小枝顶端；小叶10～16枚，长椭圆形至长椭圆状披针形，边缘有向内弯的细锯齿；叶轴具翅。

花序＊柔荑花序，花单性同株；雄花序生于去年生枝条上叶痕腋内；雌花序顶生；花序轴被星芒状毛。

花＊雄花常具花被片；雌花几无梗。

果实＊坚果长椭圆形，具2长翅，成串下垂。

花果期＊花期4～5月，果期8～9月。

园内分布＊分布于13区。

24

胡桃

别名：核桃

Juglans regia

胡桃科　胡桃属

外观＊落叶乔木，高可达20米，树冠广阔，树皮老时灰白色，纵向浅裂。

枝条＊小枝无毛，具光泽，被盾状着生的腺体。

叶＊奇数羽状复叶互生；小叶5～9枚，椭圆状卵形至长椭圆形，全缘或在幼树上者具稀疏细锯齿，无毛；叶柄及叶轴幼时被毛。

花序＊花单性，雌雄同株；雄性葇荑花序下垂；雌花序穗状，直立，顶生于当年生小枝。

花＊雄花花药黄色；雌花序具1～3雌花。

果实＊果实近于球状，无毛。

花果期＊花期4～5月，果期9～10月。

园内分布＊分布于15、20、23区。

25

夏栎

Quercus robur

壳斗科　栎属

外观＊落叶乔木，高可达40米。

枝条＊小枝赭色，无毛，被灰色长圆形皮孔。

叶＊单叶，螺旋状互生；叶片长倒卵形至椭圆形，叶缘有4～7对深浅不等的圆钝锯齿。

花序＊花单性，雌雄同株。

花＊雄花排列疏松；雌花排列紧密。

果实＊果序纤细，长4～10厘米，着生果实2～4个；坚果当年成熟。

花果期＊花期3～4月，果期9～10月。

园内分布＊分布于20、27区。

26

榆树
Ulmus pumila

榆科 榆属

外观＊落叶乔木，高可达25米；树皮不规则深纵裂，粗糙。

枝条＊小枝淡黄灰色、淡褐灰色或灰色，有散生皮孔。

叶＊叶椭圆状卵形、长卵形，叶面平滑无毛，边缘具重锯齿。

花序＊先叶开放，在去年生枝的叶腋呈簇生状。

花＊雄蕊花药紫色，花丝长于花被片。

果实＊翅果，近圆形，稀倒卵状圆形，顶端具缺口。

花果期＊花期3月，果期4～5月。

园内分布＊分布于18、25区。

朴树

别名：小叶朴

Celtis sinensis

榆科　朴属

外观＊落叶乔木，高可达30米，树皮灰白色。

枝条＊二年生小枝褐色至深褐色，略具毛。

叶＊叶厚纸质至近革质，卵形或卵状椭圆形，近全缘至具钝齿，叶基部稍偏斜。

花序＊两性或单性，集成小聚伞花序或圆锥花序，花序生于当年生小枝上；雄花序多生于叶腋。

花＊雄蕊与花被片同数；雌蕊具短花柱。

果实＊果较小，近球形，果梗和相近叶柄等长，成熟时黄色至橙黄色。

花果期＊花期4月，果期9～10月。

园内分布＊分布于20、23区。

桑
Morus alba

桑科　桑属

外观＊落叶乔木，高可达10米，树皮厚，具不规则浅纵裂。

枝条＊小枝有细毛。

叶＊叶卵形或广卵形，边缘锯齿粗钝，表面鲜绿色，无毛，背面沿脉有疏毛，脉腋有簇毛；叶柄具柔毛。

花序＊花单性，雌雄异株，穗状花序，腋生或生于芽鳞腋内；雄花序下垂，密被白色柔毛；雌花序被毛。

花＊雄花，淡绿色；雌花无花柱。

果实＊聚花果短，一般不超过2.5厘米，卵状椭圆形，成熟时红色、暗紫色或白色。

花果期＊花期4月，果期5～6月。

园内分布＊分布于20（科普园）、26区。

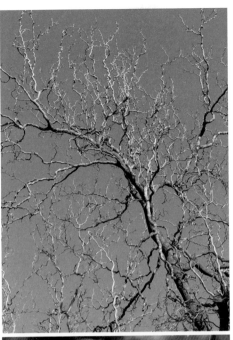

园内常见栽培变种：

〇龙桑 'Tortuosa'
枝条扭曲，状如龙游。
园内分布＊分布于20（科普园）、26区。

049

构树

Broussonetia papyrifera

桑科　构属

外观＊落叶乔木，高可达10米。

枝条＊小枝密生柔毛。

叶＊螺旋状排列，广卵形至长椭圆状卵形，边缘具粗锯齿，不裂或3～5裂；小树之叶常有明显分裂，表面粗糙，疏生糙毛，背面密被绒毛，基生叶脉三出；叶柄密被糙毛；托叶卵形。

花序＊雌雄异株；雄花序为柔荑花序，腋生，下垂；雌花密集成球形头状花序。

花＊花药白色，近球形；柱头线形，被毛。

果实＊聚花果，成熟时橙红色，肉质。

园内分布＊分布于20（科普园）、32区。

050

30

葎草

别名：拉拉秧

Humulus scandens

桑科　葎草属

外观＊一年生草质藤本。

根茎＊茎缠绕，具倒钩刺。

叶＊叶纸质，掌状5～7深裂稀为3裂，表面粗糙，疏生糙伏毛，背面有柔毛和黄色腺体，裂片卵状三角形，边缘具锯齿；叶柄密生倒钩刺。

花序＊花单性，雌雄异株；雄花序圆锥状，顶生或腋生；雌花序球果状，腋生。

花＊雄花黄绿色；雌花绿色，不明显。

果实＊瘦果扁球形，黄褐色，成熟时外露。

花果期＊花期7～8月，果期9～10月。

园内分布＊全园均有分布。

31

大麻
Cannabis sativa

桑科 大麻属

外观＊一年生草本，具特色气味，高可达1m。

根茎＊茎灰绿色，直立，枝具纵沟槽，密生灰白色贴伏毛。

叶＊叶掌状全裂，裂片披针形，表面深绿，微被糙毛，边缘具向内弯的粗锯齿；叶柄密被灰白色贴伏毛。

花序＊花单性，雌雄异株；雄花序疏散大圆锥花序，顶生或腋生，小花梗纤细；雌花序簇生于叶腋。

花＊雄花黄绿色，花药长圆形；雌花绿色。

果实＊瘦果为宿存黄褐色苞片所包，果皮坚脆，表面具细网纹。

花果期＊花期6～8月，果期9～10月。

园内分布＊分布于15区。

32

萹蓄

Polygonum aviculare

蓼科 蓼属

外观＊一年生草本，高10～20厘米。

根茎＊茎平卧、上升或直立，自基部多分枝，具纵棱。

叶＊叶椭圆形，狭椭圆形或披针形，边缘全缘，两面无毛，叶背侧脉明显；近无柄；托叶鞘膜质，下部褐色，上部白色，撕裂脉明显。

花序＊花单生或数朵簇生于叶腋，遍布于植株。

花＊花被5深裂，花被片椭圆形，边缘白色或淡红色；柱头头状。

果实＊瘦果密被细条纹，无光泽。

花果期＊花期5～7月，果期8～10月。

园内分布＊全园广泛分布。

抱茎蓼

Polygonum amplexicaule

蓼科 蓼属

外观＊多年生草本，高1～2米。

根茎＊根状茎粗壮，横走；茎直立，粗壮，分枝。

叶＊基生叶卵形，边缘稍外卷，叶柄与叶片近等长；茎生叶长卵形，较小具短柄，上部叶近无柄或抱茎；托叶鞘筒状，膜质。

花序＊总状花序呈穗状，紧密，顶生或腋生。

花＊花梗细弱；花被深红色，5深裂，花被片椭圆形。

果实＊瘦果椭圆形，两端尖，黑褐色，有光泽。

花果期＊花期7～9月，果期9～10月。

园内分布＊分布于20区（科普园）。

34

篱蓼

Fallopia dumetorum

蓼科　何首乌属

外观＊一年生草本。

根茎＊茎缠绕，具纵棱，多分枝。

叶＊叶卵状心形，顶端渐尖，两面无毛，沿叶脉具小突起，边缘全缘；叶柄具小突起。

花序＊花序总状，通常腋生，稀疏；苞片膜质，每苞内具2~5花。

花＊花梗细弱，果时延长，中下部具关节；花被5深裂，淡绿色，花被片椭圆形，外面3片背部具翅，果时增大，翅近膜质，全缘。

果实＊瘦果椭圆形，平滑，有光泽，包于宿存花被内。

花果期＊花期6~8月，果期7~10月。

园内分布＊分布于20区（科普园）。

35

巴天酸模
Rumex patientia

蓼科 酸模属

外观＊多年生草本，高90~100厘米。

根茎＊茎直立，粗壮，上部分枝，具深沟槽。

叶＊基生叶长圆形或长圆状披针形，边缘波状；叶柄粗壮。茎上部叶披针形，边缘波状，较小；具短叶柄或近无柄。

花序＊大型圆锥花序，顶生。

花＊花被片6，成2轮，内花被片果时增大；边缘近全缘，具网脉。

果实＊瘦果，卵形，具3锐棱，褐色，有光泽。

花果期＊花期5~8月，果期6~9月。

园内分布＊全园广泛分布。

36

猪毛菜

Salsola collina

藜科　猪毛菜属

外观＊一年生草本，高20～100厘米。

根茎＊茎自基部分枝，枝互生，伸展，茎、枝绿色，有白色或紫红色条纹，生短硬毛或近于无毛。

叶＊叶片丝状圆柱形，伸展或微弯曲，生短硬毛，顶端有刺状尖，基部边缘膜质，稍扩展而下延。

花序＊穗状花序，生枝条上部。

花＊花被片卵状披针形，在突起以上部分近革质，顶端为膜质，向中央折曲成平面，紧贴果实，有时在中央聚集成小圆锥体。

果实＊胞果倒卵形，果皮膜质。

花果期＊花期7～9月，果期8～10月。

园内分布＊分布于32区。

37

小藜
Chenopodium serotinum

藜科 藜属

外观＊一年生草本，高20～50厘米。

根茎＊茎直立，具绿色纵向条纹。

叶＊叶片卵状矩圆形，通常三浅裂；中裂片两边近平行，边缘具深波状锯齿；侧裂片位于中部以下，通常各具2浅裂齿。

花序＊顶生圆锥状花序开展，排列于上部的枝上，数个团集。

花＊花被近球形，5深裂，裂片宽卵形，不开展，背面具微纵隆脊并有密粉；雄蕊5，开花时外伸；柱头2，丝形。

果实＊胞果包在花被内，果皮与种子贴生。

花果期＊花期4～6月，果期5～7月。

园内分布＊全园广泛分布。

38

藜
Chenopodium album

藜科 藜属

外观 * 一年生草本，枝条斜升或开展，高30～150厘米。

根茎 * 茎直立，粗壮，具条棱及绿色或紫红色色条，多分枝。

叶 * 叶片菱状卵形至宽披针形，表面通常无粉，叶背多少有白粉，边缘具不整齐锯齿；叶柄与叶片近等长，或为叶片长度的1/2。

花序 * 花簇于枝上部排列成穗状圆锥状或圆锥状花序。

花 * 花被裂片5，宽卵形至椭圆形，背面具纵隆脊，有粉，先端或微凹，边缘膜质；雄蕊5，花药伸出花被；柱头2。

果实 * 胞果完全包于花被内或顶端稍露。

花果期 * 5～10月。

园内分布 * 全园广泛分布。

刺藜

Chenopodium aristatum

藜科　藜属

外观＊一年生草本，植物体常呈圆锥形，高10～40厘米，无粉，秋后常带紫红色。

根茎＊茎直立，圆柱形或有棱，具色条，无毛或稍有毛，多分枝。

叶＊叶条形至狭披针形，全缘，先端渐尖，基部收缩成短柄，中脉黄白色。

花序＊复二歧式聚伞花序生于枝端及叶腋，最末端的分枝针刺状。

花＊花两性，几无柄；花被裂片5，边缘膜质，果时开展。

果实＊胞果圆形。

花果期＊花期8～9月，果期10月。

园内分布＊分布于32区。

地肤

Kochia scoparia

藜科　地肤属

外观＊一年生草本，高50～100厘米。

根茎＊茎直立，圆柱状，淡绿色或带紫红色，具棱，分枝稀疏，斜上，稍有短柔毛或下部几无毛。

叶＊叶披针形或条状披针形，无毛或稍有毛，通常有3条明显的主脉，边缘有疏生的锈色绢状缘毛；茎上部叶近无柄。

花序＊花两性或雌性，疏穗状圆锥状花序，通常1～3个生于上部叶腋，花下部有时有锈色长柔毛。

花＊花被近球形，淡绿色；花药淡黄色，花丝丝状；柱头丝状，紫褐色。

果实＊胞果扁球形。

花果期＊花期6～9月，果期7～10月。

园内分布＊分布于15、32区。

41

反枝苋

Amaranthus retroflexus

苋科 苋属

外观＊一年生草本，高20～80厘米。

根茎＊茎直立，粗壮，单一或分枝，淡绿色，有时具带紫色条纹，稍具钝棱，密生短柔毛。

叶＊叶片菱状卵形或椭圆状卵形，全缘或波状缘，两面及边缘有柔毛，叶背毛较密；叶柄淡绿色，有时淡紫色，有柔毛。

花序＊圆锥花序顶生及腋生，直立，由多数穗状花序形成，顶生花序较长。

花＊花被片薄膜质，白色，有1淡绿色细中脉；雄蕊比花被片稍长。

果实＊胞果扁卵形，环状横裂，包裹在宿存花被片内。

花果期＊花期7～8月，果期8～9月。

园内分布＊分布于15、20、32区。

42

合被苋
Amaranthus polygonoides

苋科 苋属

外观＊一年生草本，高10～40厘米。

根茎＊茎直立或斜升，绿白色，下部有时淡紫红色，多分枝，上部被短柔毛。

叶＊叶卵形、倒卵形或椭圆状披针形，先端微凹或圆形，具芒尖，表面中央常横生一条白色斑带。

花序＊花单性，成簇腋生，总梗极短，雌雄花混生。

花＊花被4～5裂，膜质，白色；雄花花被片仅基部连合，雄蕊2～3；雌花被片下部约1/3合生成筒状。

果实＊胞果不裂，长圆形，略长于花被，上部微皱。

花果期＊9～10月。

园内分布＊分布于15区。

43

凹头苋

Amaranthus lividus

苋科　苋属

外观＊一年生草本，高10～30厘米，全体无毛。

根茎＊茎伏卧而上升，从基部分枝，淡绿色或紫红色。

叶＊叶片卵形或菱状卵形，顶端凹缺，全缘或稍呈波状；具叶柄。

花序＊花成腋生花簇，直至下部叶的腋部，生在茎端和枝端者成直立穗状花序或圆锥花序。

花＊花被片矩圆形，淡绿色，顶端急尖，边缘内曲；雄蕊比花被片稍短；柱头3或2，果熟时脱落。

果实＊胞果扁卵形，不开裂，超出宿存花被片。

花果期＊花期7～8月，果期8～9月。

园内分布＊全园广泛分布。

44

马齿苋

Portulaca oleracea

马齿苋科　马齿苋属

外观＊一年生草本，全株无毛。

根茎＊茎平卧或斜倚，伏地铺散，多分枝，圆柱形，淡绿色或带暗红色。

叶＊叶互生，有时近对生；叶片扁平，肥厚，倒卵形，似马齿状，全缘，顶端圆钝或平截，有时微凹，长度常大于1厘米。

花序＊花无梗，直径常不足1厘米，常3~5朵簇生枝端，午时盛开。

花＊萼片2，对生，绿色；花瓣5，稀4，黄色，倒卵形，基部合生；花药黄色；花柱比雄蕊稍长。

果实＊蒴果卵球形，成熟后开裂，上部脱落，露出种子。

花果期＊花期5~8月，果期7~9月。

园内分布＊全园广泛分布。

繁缕

Stellaria media

石竹科　繁缕属

外观＊一年生或二年生草本，高10～20厘米。

根茎＊茎俯仰或上升，基部分枝。

叶＊基生叶具长柄；上部单叶对生，叶片宽卵形或卵形，基部渐狭或近心形，全缘，无柄或具短柄。

花序＊疏聚伞花序顶生；花梗细弱，具1列短毛，花后伸长。

花＊萼片5，边缘宽膜质，外面被短腺毛；花瓣5，白色，短于萼片，深2裂达基部；雄蕊3～5，短于花瓣；花柱3，线形。

果实＊蒴果卵形，稍长于宿存萼片，顶端6裂。

花果期＊花期5～6月，果期7～8月。

园内分布＊分布于2、20区。

大叶铁线莲

Clematis heracleifolia

毛茛科　铁线莲属

外观＊多年生直立草本，高约30～80厘米。

根茎＊主根木质化；茎粗壮，有明显的纵条纹，密生白色糙绒毛。

叶＊三出复叶；小叶片卵圆形、宽卵圆形至近于圆形，边缘有不整齐的粗锯齿，下面有弯曲的柔毛；叶柄粗壮，被毛。

花序＊聚伞花序顶生或腋生，花梗粗壮，有淡白色的糙绒毛。

花＊花杂性，雄花与两性花异株；花萼4，蓝紫色，长椭圆形至宽线形，常在反卷部分增宽，边缘密生白色绒毛，无花瓣；花药线形与花丝等长。

果实＊瘦果卵圆形，红棕色，被短柔毛。

花果期＊花期7～8月，果期10月。

园内分布＊分布于2区。

067

47

牡丹

Paeonia suffruticosa

毛茛科 芍药属

外观＊落叶灌木，高可达2米。

枝条＊分枝短而粗。

叶＊顶生小叶宽卵形，3裂至中部，裂片或再浅裂，无毛，具小叶柄；侧生小叶狭卵形或长圆状卵形，2～3浅裂，近无柄；叶柄和叶轴均无毛。

花序＊花大，单生枝顶。

花＊萼片5，宽卵形；花瓣5，常为重瓣，玫瑰色、红紫色、粉红色至白色，顶端呈不规则的波状；雄蕊多数，心皮5，密生柔毛。

果实＊蓇葖果长圆形，密生黄褐色硬毛。

花果期＊花期5月，果期6月。

园内分布＊分布于27区。

48

芍药
Paeonia lactiflora

毛茛科　芍药属

外观＊多年生草本，高40～90厘米，无毛。
根茎＊根粗壮，分枝黑褐色。
叶＊下部茎生叶为二回三出复叶。上部茎生叶为三出复叶；小叶狭卵形，椭圆形或披针形，边缘具白色骨质细齿，两面无毛，背面沿叶脉疏生短柔毛。
花序＊花数朵，顶生或腋生，有时仅顶端一朵开放。
花＊花瓣9～13，倒卵形，白色，有时基部具深紫色斑块；花丝黄色；花盘浅杯状，包裹心皮基部，顶端裂片钝圆，心皮4～5。栽培品种多为重瓣，花瓣各色。
果实＊蓇葖果，顶端具喙。
花果期＊花期5～6月，果期8～9月。
园内分布＊分布于27区。

日本小檗
Berberis thunbergii

小檗科　小檗属

外观＊落叶灌木，高约1米，多分枝。

根茎＊枝条开展，具细条棱，幼枝淡红带绿色，无毛，老枝暗红色，茎刺常单一，偶3分叉。

叶＊叶薄纸质，倒卵形、匙形或菱状卵形，全缘，无毛，网脉不明显；具短叶柄。

花序＊伞形花序，2~5朵小花在总梗基部簇生，花总梗不明显。

花＊萼片6，2轮排列，外萼片卵状椭圆形，带红色，内萼片阔椭圆形；花瓣黄色，长圆状倒卵形；雄蕊6。

果实＊浆果椭圆形，亮鲜红色，无宿存花柱。

花果期＊花期4~6月，果期7~9月。

园内分布＊分布于20、35区。

50

朝鲜小檗

别名：掌刺小檗

Berberis koreana

小檗科　小檗属

外观＊落叶灌木，高1～2米。

枝条＊成熟枝暗红褐色，有纵槽，节部有单刺或3～7分叉刺，在强壮的小枝上刺呈明显的掌状。

叶＊叶长圆状椭圆形至长圆状倒卵形，叶缘具刺齿；具短叶柄。

花序＊总状花序，着小花10～20朵，小花梗短。

花＊萼片6，2轮；花瓣黄色，全缘。

果实＊浆果球形，成熟后红色，经冬不落。

花果期＊花期6月，果期9月。

园内分布＊分布于20区（科普园）。

51

玉兰
Magnolia denudata

木兰科 木兰属

外观＊落叶乔木，高可达25米，枝条广展形成宽阔的树冠，树皮深灰色。

枝条＊小枝稍粗壮，灰褐色。

叶＊叶纸质，倒卵形、宽倒卵形，全缘，叶表深绿色，中脉及侧脉具柔毛，叶背淡绿色，沿脉上被柔毛；叶柄被柔毛；具托叶痕。

花序＊花单生枝顶，先叶开放，直立，芳香，花梗显著膨大，密被淡黄色长绢毛。

花＊花白色，花被片9，外轮与内轮近等长基部常带粉红色，长圆状倒卵形；雄蕊侧向开裂，雌蕊群淡绿色，无毛，圆柱形。

果实＊聚合蓇葖果，红褐色，具白色皮孔。

花果期＊花期3～4月，果期5～7月。

园内分布＊分布于19、20、23、27区。

紫玉兰

别名：辛夷、木笔

Magnolia liliflora

木兰科　木兰属

外观＊落叶灌木，高可达3米，树皮灰褐色。

枝条＊小枝绿紫色或淡褐紫色。

叶＊叶椭圆状倒卵形或倒卵形，全缘，基部渐狭沿叶柄下延至托叶痕；叶柄短粗，托叶痕约为叶柄长之半。

花序＊花单生枝顶，直立，稍有香气，花梗显著膨大，密被淡黄色长绢毛。

花＊花被片9～12，外轮3片萼片状，披针形长，常早落，内两轮肉质，紫色或紫红色，内面带白色；雄蕊紫红色，侧向开裂；雌蕊群淡紫色。

果实＊聚合蓇葖果圆柱形，顶端具短喙。

花果期＊花期4月，果期5月。

园内分布＊分布于20、23区。

53

蜡梅
Chimonanthus praecox

蜡梅科　蜡梅属

外观＊落叶灌木，高可达4米。

枝条＊幼枝四方形，老枝近圆柱形，灰褐色，无毛或被疏微毛，具皮孔。

叶＊叶纸质至近革质，卵圆形、椭圆形、宽椭圆形至卵状椭圆形，除叶背脉上被疏微毛外无毛。

花序＊花着生于二年生枝条叶腋内，先花后叶，芳香。

花＊花被片蜡黄色，有光泽，内层短，基部具紫红色晕；能孕雄蕊5~6，花托边缘具不孕雄蕊；心皮多数，离生。

果实＊瘦果长圆形，口部收缩，具钻状披针形附生物。

花果期＊花期2~3月，果期4~11月。

园内分布＊分布于19区。

白屈菜

Chelidonium majus

罂粟科 白屈菜属

外观＊多年生草本，高30～70厘米，植物体内具黄色汁液。

根茎＊主根粗壮，圆锥形，侧根多，暗褐色；茎多分枝，被短柔毛，节上较密，后变无毛。

叶＊基生叶早落，倒卵状长圆形或宽倒卵形，羽状全裂，裂片边缘圆齿状，下面被短柔毛；叶柄基部扩大成鞘，略具毛。茎生叶小于基生叶，具叶柄；其他同基生叶。

花序＊伞形花序，具多花，顶生或腋生；花梗纤细，略具毛。

花＊萼片早落；花瓣4，倒卵形，黄色；花丝丝状，黄色，花药长圆形；柱头2裂。

果实＊蒴果狭圆柱形，成熟时自基部向先端开裂成2果瓣，柱头宿存。

花果期＊5～7月。

园内分布＊分布于3区。

55

地丁草
Corydalis bungeana

罂粟科　紫堇属

外观＊二年生草本，高10～30厘米，无乳汁。
根茎＊茎自基部铺散分枝，灰绿色，具棱。
叶＊基生叶多数；叶柄约与叶片近等长，基部具鞘，边缘膜质；叶表绿色，叶背苍白色，二至三回羽状全裂，一回羽片3～5对，具短柄，二回羽片2～3对，顶端分裂成短小的裂片。茎生叶与基生叶同形。
花序＊总状花序，多花，先密集，后疏离，果期伸长。
花＊萼片早落；花粉红色至淡紫色，外花瓣顶端多少下凹，具浅鸡冠状突起，距圆筒形，稍短于花瓣。
果实＊蒴果椭圆形。
花果期＊花果期4～5月。
园内分布＊分布于15、20区。

56

诸葛菜

别名：二月蓝

Orychophragmus violaceus

十字花科　诸葛菜属

外观＊一年生或二年生草本，高10～50厘米，无毛。

根茎＊茎直立，基部或上部稍有分枝，有时带紫色。

叶＊基生叶及下部茎生叶大头羽状全裂，全缘或有牙齿，短叶柄疏生柔毛；上部叶长圆形或窄卵形，基部耳状，抱茎，边缘具不整齐牙齿。

花序＊总状花序疏松。

花＊花萼筒状，紫色；花瓣4，分离，成十字形排列，紫色、蓝紫色或褪成白色；雄蕊4长2短，称四强雄蕊，柱头3裂。

果实＊长角果线形。

花果期＊花果期4～6月。

园内分布＊全园广泛分布。

57

独行菜
Lepidium apetalum

十字花科　独行菜属

外观＊一年生或二年生草本，高5～30厘米。

根茎＊茎直立，分枝，略具毛。

叶＊基生叶窄匙形，一回羽状浅裂或深裂，具短叶柄；茎生叶互生，披针形，全缘或边缘略具齿，具短叶柄或近无叶柄。

花序＊总状花序，顶生或腋生。

花＊花红褐色，带绿色，呈十字形排列，花瓣退化成丝状，萼片4，外面略具毛，早落，雄蕊2或4，雌蕊1。

果实＊短角果近圆形或宽椭圆形，扁平。

花果期＊4～6月。

园内分布＊全园广泛分布。

荠

别名：荠菜

Capsella bursa-pastoris

十字花科　荠属

外观＊一年生或二年生草本，高10～50厘米。

根茎＊茎直立，有时下部分枝。

叶＊基生叶丛生呈莲座状，大头羽状分裂，顶裂片卵形至长圆形，侧裂片3～8对，长圆形至卵形，有不规则粗锯齿或近全缘；具叶柄。茎生叶窄披针形或披针形，抱茎，边缘有缺刻或锯齿。

花序＊总状花序，顶生或腋生，果期增长。

花＊花白色，花冠呈十字形排列，萼片4，雄蕊6，雌蕊1。

果实＊短角果倒三角形或倒心形。

花果期＊3～6月。

园内分布＊全园广泛分布。

59

蔊菜
Rorippa indica

十字花科　蔊菜属

外观＊一年生或二年生草本，高15～40厘米，植株较粗壮，略具疏毛。

根茎＊茎单一或分枝，表面具纵沟。

叶＊叶互生；基生叶及茎下部叶具长柄，叶形多变化，通常大头羽状分裂，边缘具不整齐牙齿，侧裂片1～5对；茎上部叶片宽披针形或匙形，边缘具疏齿，具短柄，基部耳状抱茎。

花序＊总状花序，顶生或腋生，花小，多数，具细花梗。

花＊萼片4，卵状长圆形；花瓣4，黄色，匙形，基部渐狭成短爪，与萼片近等长；雄蕊6，2枚稍短。

果实＊长角果线状圆柱形。

花果期＊5～7月。

园内分布＊分布于17区。

60

沼生蔊菜
Rorippa islandica

十字花科　蔊菜属

外观＊一年生或二年生草本，高20～50厘米。

根茎＊茎直立，有时分枝，具棱，下部有时为紫褐色。

叶＊基生叶多数，具柄；羽状深裂或大头羽裂，长圆形至狭长圆形，裂片3～7对，边缘不规则浅裂或呈深波状，基部耳状抱茎。茎生叶向上渐小，近无柄，羽状深裂或具齿，基部耳状抱茎。

花序＊总状花序顶生或腋生，果期伸长，花小，多数，具纤细花梗。

花＊萼片长椭圆形；花瓣长倒卵形至楔形，黄色或淡黄色，等于或稍短于萼片；雄蕊6，近等长；柱头全缘。

果实＊短角果椭圆形或近圆柱形，果实稍短于果梗。

花果期＊5～7月。

园内分布＊分布于17区。

61

小花糖芥

Erysimum cheiranthoides

十字花科　糖芥属

外观＊一年生草本，高15～50厘米。

根茎＊茎直立，有时分枝，有棱角，具2叉毛。

叶＊基生叶莲座状，无柄，平铺地面，有2～3叉毛，近全缘；茎生叶披针形或线形，边缘具深波状疏齿或近全缘，两面具3叉毛。

花序＊总状花序顶生，果期增长。

花＊无苞片，萼片长圆形或线形，外面有3叉毛；花瓣浅黄色，长圆形，顶端圆形或截形，下部具爪；雄蕊6。

果实＊角果圆柱形。

花果期＊4～5月。

园内分布＊分布于17区。

62

播娘蒿

Descurainia sophia

十字花科 播娘蒿属

外观＊一年生草本，高20～80厘米。

根茎＊茎直立，多分枝，具叉状毛，以下部茎生叶为多，常于下部成淡紫色。

叶＊3回羽状深裂，末端裂片条形或长圆形，下部叶具柄，上部叶无柄。

花序＊花序伞房状，果期伸长。

花＊萼片早落，长圆条形；花瓣黄色，长圆状倒卵形，稍短于萼片，具爪；雄蕊6枚；雌蕊1，圆柱形，花柱短，柱头呈扁压头状。

果实＊长角果长圆筒状，果瓣中脉明显。

花果期＊5～7月。

园内分布＊分布于20区。

63

长药八宝

别名：八宝景天

Hylotelephium spectabile

景天科　八宝属

外观＊多年生草本，高30～50厘米。

根茎＊茎直立，丛生。

叶＊单叶对生或3叶轮生，卵形至宽卵形，或长圆状卵形，全缘或多少有波状齿。

花序＊花序大形，伞房状，顶生，具花序梗，小花梗短。

花＊萼片5，线状披针形至宽披针形；花瓣5，淡紫红色至紫红色，披针形至宽披针形；雄蕊10，略长于花瓣，花药紫色。

果实＊蓇葖果直立。

花果期＊花期8～9月，果期9～10月。

园内分布＊分布于20区。

64

小花溲疏
Deutzia parviflora

虎耳草科　溲疏属

外观 * 落叶灌木，高约2米。

枝条 * 老枝灰褐色或灰色，表皮片状脱落。

叶 * 叶纸质，卵形、椭圆状卵形或卵状披针形，边缘具细锯齿，两面被星状毛；叶柄疏被星状毛。

花序 * 伞房花序，小花多数，顶生或腋生，花序梗被长柔毛和星状毛。

花 * 萼筒杯状密被星状毛，裂片三角形；花瓣白色，阔倒卵形或近圆形，两面均被毛；外轮雄蕊略长于内轮雄蕊，花丝钻形或具齿，齿长不达花药；花柱3，较雄蕊稍短。

果实 * 蒴果近球形。

花果期 * 花期5~6月，果期7~9月。

园内分布 * 分布于23区。

65

大花溲疏
Deutzia grandiflora

虎耳草科　溲疏属

外观＊落叶灌木，高约2米。

枝条＊老枝紫褐色或灰褐色，无毛，表皮片状脱落，花枝具2～4叶，黄褐色，被毛。

叶＊叶纸质，卵状菱形或椭圆状卵形，边缘具大小相间或不整齐锯齿，两面被星状毛；叶柄被星状毛。

花序＊聚伞花序，顶生或腋生，具花1～3朵，稀单花，花梗被星状毛。

花＊萼筒浅杯状，密被灰黄色星状毛；花瓣白色，外面被星状毛；外轮雄蕊长于内轮雄蕊，花丝先端2齿；花柱3～4，约与外轮雄蕊等长。

果实＊蒴果半球形，被星状毛。

花果期＊花期4～6月，果期9～11月。

园内分布＊分布于27区。

66

太平花
Philadelphus pekinensis

虎耳草科　山梅花属

外观＊落叶灌木，高1~2米，分枝较多。

枝条＊当年生小枝无毛，表皮黄褐色，不开裂，二年生小枝无毛，表皮栗褐色。

叶＊叶卵形或阔椭圆形，边缘具锯齿，稀近全缘，两面无毛，稀仅叶背脉腋被白色长柔毛，花枝上叶较小，椭圆形或卵状披针形；叶柄无毛。

花序＊总状花序，具花5~9朵；花序轴及花梗无毛。

花＊花萼黄绿色，外面无毛，裂片卵形；花瓣白色，倒卵形；雄蕊多数；花柱无毛，纤细，先端稍分裂，柱头棒形或槌形。

果实＊蒴果近球形或倒圆锥形。

花果期＊花期5~6月，果期8~9月。

园内分布＊分布于27区。

67

杜仲
Eucommia ulmoides

杜仲科　杜仲属

外观＊落叶乔木，高可达20米，树皮灰褐色，粗糙，树皮、枝叶及果实内含杜仲胶，折断拉开有多数细丝。

枝条＊嫩枝有黄褐色毛，后退去变光滑，具片状髓；老枝有明显的皮孔。

叶＊叶椭圆形、卵形或矩圆形，薄革质，先端渐尖，叶表暗绿色，叶背淡绿，仅在脉上有毛，叶脉下陷，在背面稍突起，边缘有锯齿；叶柄被散生长毛。

花序＊雌雄异株，先叶开放，生于当年枝基部；雄花簇生，花梗无毛；雌花单生，具短花梗。

花＊雄蕊5～10；花柱顶端2叉状。

果实＊翅果扁平，长椭圆形，先端2裂，基部楔形，周围具薄翅。

花果期＊花期4～5月，果期9～10月。

园内分布＊分布于17、20区。

68

一球悬铃木

别名：美国梧桐

Platanus occidentalis

悬铃木科　悬铃木属

外观＊落叶大乔木，高可达20米，树皮有浅沟，呈小块状剥落。

枝条＊嫩枝有黄褐色绒毛被。

叶＊叶大、阔卵形，通常3浅裂，稀为5浅裂，裂片边缘有数个粗大锯齿；初时两面具毛，不久脱落，背面仅在脉上有毛；叶柄密被绒毛。

花序＊花单性，聚成圆球形头状花序，通常4～6。

花＊雄花萼片及花瓣短小；雌花花瓣长于萼片。

果实＊头状果序圆球形，单生，稀为2个。

花果期＊花期5月，果期9～10月。

园内分布＊分布于20、25区。

69

华北珍珠梅

Sorbaria kirilowii

蔷薇科　珍珠梅属

外观＊落叶丛生灌木，高1～2米。

枝条＊枝条开展，小枝圆柱形，稍有弯曲，光滑无毛，老枝红褐色。

叶＊奇数羽状复叶，具有小叶片13～21，光滑无毛。小叶片对生，披针形至长圆披针形，边缘有尖锐重锯齿；小叶柄短无毛；托叶线状披针形。

花序＊顶生大型密集的圆锥花序，分枝斜出或稍直立，无毛。

花＊萼片与萼筒约近等长；花瓣白色；雄蕊多数，与花瓣等长或稍短于花瓣；花柱稍短于雄蕊。

果实＊蓇葖果长圆柱形，无毛。

花果期＊花期6～7月，果期9～10月。

园内分布＊分布于19、26、27区。

70

风箱果

Physocarpus amurensis

蔷薇科 风箱果属

外观＊落叶丛生灌木，高1～2米，树皮成纵向剥裂。

枝条＊小枝圆柱形，稍弯曲，近于无毛，幼时紫红色，老时灰褐色。

叶＊叶片三角卵形至广卵形，3～5裂，边缘有重锯齿，基部楔形至宽楔形，下面微被毛，沿叶脉较密；叶柄微被柔毛或近于无毛。

花序＊伞形总状花序顶生，花序梗和小花梗近无毛。

花＊萼筒杯状，外面被星状绒毛；萼片三角形；花瓣白色；雄蕊多数，着生在萼筒边缘，花药紫色。

果实＊蓇葖果无毛，卵形，膨大。

花果期＊花期5月，果期6～7月。

园内分布＊分布于27区。

71

水栒子

Cotoneaster multiflorus

蔷薇科　栒子属

外观＊落叶灌木，高达4米。

枝条＊枝条细瘦，小枝圆柱形，红褐色或棕褐色，无毛。

叶＊叶片卵形或宽卵形，全缘。

花序＊花多数，成疏松的聚伞花序，总花梗和花梗略具毛。

花＊萼筒钟状；萼片三角形；花瓣白色，平展，先端圆钝或微缺；雄蕊多数，稍短于花瓣；花柱比雄蕊短。

果实＊果实近球形，红色。

花果期＊花期5~6月，果期8~9月。

园内分布＊分布于20区（科普园）。

山里红

别名：红果

Crataegus pinnatifida var. major

蔷薇科　山楂属

外观＊落叶乔木，高可达6米，树皮粗糙，暗灰色或灰褐色，常具枝刺。

枝条＊小枝圆柱形，当年生枝紫褐色，疏生皮孔；老枝灰褐色。

叶＊叶片宽卵形或三角状卵形，3～5羽状浅裂，边缘有尖锐稀疏不规则重锯齿，背面叶脉疏生短柔毛；镰形托叶，边缘有锯齿。

花序＊伞房花序顶生具多花，花序梗和小花梗均被柔毛，花后脱落。

花＊萼筒钟状；萼片约与萼筒等长；花瓣白色；雄蕊多数，短于花瓣；花柱3～5。

果实＊果实直径可达2.5厘米，深亮红色，具斑点。

花果期＊花期5～6月，果期9～10月。

园内分布＊分布于20、27区。

73

皱皮木瓜

别名：贴梗海棠

Chaenomeles speciosa

蔷薇科　木瓜属

外观＊落叶丛生灌木，高可达2米。

枝条＊枝条直立开展，有刺；小枝圆柱形，紫褐色或黑褐色，疏生浅皮孔。

叶＊叶片卵形至椭圆形，稀长椭圆形，边缘具有尖锐锯齿；具短叶柄；托叶大，肾形或半圆形。

花序＊花先叶开放，3～5朵簇生于二年生老枝上；花梗短粗。

花＊萼片半圆形稀卵形，先端具睫毛；花瓣猩红色，稀淡红色或白色；雄蕊多数；花柱5，柱头头状，约与雄蕊等长。

果实＊球形或卵球形，黄色或带黄绿色，味芳香。

花果期＊花期4月，果期9～10月。

园内分布＊分布于23、27区。

74

日本木瓜

Chaenomeles japonica

蔷薇科　木瓜属

外观＊落叶矮灌木，高约1米。

枝条＊枝条广开，有细刺，小枝粗糙，紫红色；二年生枝条有疣状突起，黑褐色，无毛。

叶＊叶片倒卵形、匙形至宽卵形，边缘有圆钝锯齿，齿尖向内合拢，无毛；叶柄无毛；托叶肾形有圆齿。

花序＊花3～5朵簇生，花梗短或近于无梗，无毛。

花＊萼筒钟状，外面无毛；萼片卵形，稀半圆形；花瓣倒卵形或近圆形，砖红色；雄蕊多数，长约花瓣之半，花柱5，柱头头状，约与雄蕊等长。

果实＊果实近球形，黄色。

花果期＊花期4月，果期8～10月。

园内分布＊分布于23区。

75

秋子梨
Pyrus ussuriensis

蔷薇科 梨属

外观＊落叶乔木，高可达15米，树冠宽广。

枝条＊嫩枝无毛或微具毛；二年生枝条黄灰色至紫褐色；老枝转为黄灰色或黄褐色，具稀疏皮孔。

叶＊叶片卵形至宽卵形，边缘具有带刺芒状尖锐锯齿；刺芒长。

花序＊伞形总状花序密集，有花5～7朵；花序梗和小花梗在幼嫩时被绒毛，不久脱落。

花＊萼筒微具绒毛；萼片三角披针形；花瓣倒卵形或广卵形，白色；雄蕊多数，短于花瓣，花药紫红色，花柱5。

果实＊果实近球形，黄色，萼片宿存。

花果期＊花期5月，果期8～10月。

园内分布＊分布于13区。

76

杜梨

Pyrus betulifolia

蔷薇科　梨属

外观＊落叶乔木，高可达10米，树冠开展。

枝条＊小枝嫩时密被灰白色绒毛，二年生枝条具稀疏绒毛或近于无毛，紫褐色，枝常具刺。

叶＊叶片菱状卵形至长圆卵形，边缘有粗锐锯齿，老叶背面略具毛；叶柄被灰白色绒毛。

花序＊伞形总状花序，有花10～15朵；花序梗和小花梗均被灰白色绒毛。

花＊萼筒外密被绒毛；萼片三角卵形；花瓣宽卵形，白色；雄蕊多数，花药紫色，长约花瓣之半；花柱2～3。

果实＊果实近球形，褐色，有淡色斑点，萼片脱落。

花果期＊花期4月，果期8～10月。

园内分布＊分布于9、11、13区。

河北梨

Pyrus hopeiensis

蔷薇科 梨属

外观＊落叶乔木，高可达8米。

枝条＊小枝圆柱形，无毛，暗紫色或紫褐色，具稀疏白色皮孔，先端常变为硬刺。

叶＊单叶互生；叶卵形，宽卵形至近圆形，基部圆形或近心形，边缘具细密尖锐锯齿，有短芒，无毛；叶柄略具毛。

花序＊伞形总状花序，具花6～8朵，总花梗和花梗近于无毛。

花＊萼片三角卵形，两面具毛；花瓣椭圆倒卵形，白色，基部有短爪；雄蕊多数，长不及花瓣之半；花柱4，与雄蕊近等长。

果实＊梨果球形或卵形，褐色，顶端萼片宿存。

花果期＊花期4月，果期8～9月。

园内分布＊分布于27区。

垂丝海棠
Malus halliana

蔷薇科 苹果属

外观＊落叶小乔木，高可达5米，树冠开展。

枝条＊小枝细弱，圆柱形，紫色或紫褐色。

叶＊叶片卵形或椭圆形至长椭卵形，边缘有圆钝细锯齿，中脉有时具短柔毛；叶柄老时近于无毛。

花序＊伞房花序，具花4～6朵；花梗细弱，下垂，有稀疏柔毛，紫色。

花＊萼筒外面无毛；萼片内面密被绒毛；花瓣粉红色，常重瓣；雄蕊多数，花丝长短不齐；花柱4或5，较雄蕊为长，顶花有时缺少雌蕊。

果实＊果实梨形或倒卵形，略带紫色。

花果期＊花期3～4月，果期9～10月。

园内分布＊分布于20区（科普园）。

西府海棠

Malus × micromalus

蔷薇科　苹果属

外观＊落叶小乔木，株高2.5～5米，树枝直立性强。

枝条＊小枝细弱圆柱形，嫩时被短柔毛，老时脱落，紫红色或暗褐色，具稀疏皮孔。

叶＊叶片长椭圆形或椭圆形，边缘有尖锐锯齿，嫩叶被短柔毛且在叶背较密，老时脱落。

花序＊伞形总状花序，有花4～7朵，集生于小枝顶端；花梗嫩时被长柔毛，逐渐脱落。

花＊萼筒外面密被白色长绒毛；萼片三角卵形；花瓣粉红色；雄蕊约20，花丝长短不等；花柱5，约与雄蕊等长。

果实＊果实近球形，红色。

花果期＊花期4～5月，果期8～9月。

园内分布＊分布于19、26、27区。

海棠花
Malus spectabilis

蔷薇科　苹果属

外观＊落叶乔木，高可达8米。

枝条＊小枝粗壮，圆柱形，老时红褐色或紫褐色，无毛。

叶＊叶片椭圆形至长椭圆形，基部宽楔形或近圆形，边缘有紧贴细锯齿，有时部分近于全缘，无毛。

花序＊花序近伞形，有花4～6朵，花梗具柔毛。

花＊萼筒外面稍具白色绒毛；萼片三角卵形；花瓣卵形，白色，在芽中呈粉红色；雄蕊20～25，花丝长短不等；花柱5，比雄蕊稍长。

果实＊果实近球形，黄色。

花果期＊花期4～5月，果期8～9月。

园内分布＊分布于25、27区。

○现代海棠

现代海棠泛指从自然杂交海棠品种中经人工选育驯化得到的具有良好景观表现的杂交品种群。18世纪我国海棠品种传播到西方国家，并与当地品种在自然情况下进行多次杂交，经过不断的人工驯化和选育，筛选出了一系列性状稳定、景观表现优秀的海棠品种，具有花色艳丽，花量丰富，叶色美观，果色丰富，果量繁多，株型优美等特点。

[附]

① '凯尔斯'海棠 'Kelsey'：花半重瓣，粉红色，果紫色。

② '火焰'海棠 'Flame'：花白色，果深红色。

③ '宝石'海棠 'Jewelberry'：花小而密，花粉红色，开放后白色，果亮红色。

④ '粉芽'海棠 'Pink Spire'：新叶紫红色，花粉紫色，大而繁密，果紫红色。

⑤ '王族'海棠 'Royalty'：新叶红色，花深紫色，果深紫色。

⑥ '绚丽'海棠 'Radiant'：新叶红色，花深粉红色，果亮红色。

园内分布 ＊ 分布于27区。

81

山荆子

别名：山丁子

Malus baccata

蔷薇科　苹果属

外观＊落叶乔木，高达10~14米，树冠广圆形。

枝条＊幼枝细弱，微屈曲，圆柱形，无毛，红褐色，老枝暗褐色。

叶＊叶片椭圆形或卵形，边缘有细锐锯齿，嫩时稍有短柔毛；叶脉及叶柄无毛。

花序＊伞形花序，具花4~6朵，无总梗，集生在小枝顶端；花梗细长，无毛。

花＊萼筒外面无毛；萼片披针形；花瓣倒卵形，白色；雄蕊15~20，长短不齐，约等于花瓣之半；花柱5或4，较雄蕊长。

果实＊果实近球形，红色或黄色。

花果期＊花期4~5月，果期8~10月。

园内分布＊分布于27区。

82

重瓣棣棠花

Kerria japonica f. *pleniflora*

蔷薇科　棣棠花属

外观＊落叶灌木，高1～2米。

枝条＊小枝绿色，圆柱形，无毛，常拱垂，嫩枝有棱角。

叶＊单叶互生，三角状卵形或卵圆形，边缘有尖锐重锯齿，两面绿色，叶背沿脉或脉腋有柔毛；叶柄无毛。

花序＊单花着生在当年生侧枝顶端，花梗无毛。

花＊萼片卵状椭圆形，果时宿存；花重瓣，黄色，花瓣顶端下凹。

果实＊瘦果，倒卵形至半球形，褐色或黑褐色，表面无毛，有皱褶。

花果期＊花期4～6月，果期7～8月。

园内分布＊分布于22、27区。

83

鸡麻

Rhodotypos scandens

蔷薇科　鸡麻属

外观＊落叶灌木，高0.5～2米。

枝条＊小枝紫褐色，嫩枝绿色，光滑。

叶＊叶对生，卵形，顶端渐尖，边缘有尖锐重锯齿，叶背被绢状柔毛；叶柄被疏柔毛。

花序＊单花顶生于新梢上。

花＊萼片大，卵状椭圆形，副萼片细小，狭带形；花瓣4，白色，倒卵形；雄蕊多数，排列成数轮；雌蕊4，花柱细长，柱头头状。

果实＊核果4，成田字形排列，黑色或褐色，斜椭圆形，光滑。

花果期＊花期4～5月，果期6～9月。

园内分布＊分布于20区（科普园）。

84

委陵菜
Potentilla chinensis

蔷薇科　委陵菜属

外观＊多年生草本，高20～50厘米。

根茎＊根粗壮，圆柱形，稍木质化；花茎直立或上升，被稀疏柔毛。

叶＊基生叶羽状复叶，叶柄被柔毛；小叶片，无柄，边缘羽状中裂并向下反卷，叶背被白色绒毛；托叶膜质。茎生叶与基生叶相似，唯叶片对数较少；托叶草质。

花序＊伞房状聚伞花序，多花；花梗密被短柔毛。

花＊萼片三角卵形，副萼片带形或披针形；花瓣黄色，顶端微凹，比萼片稍长；花柱近顶生，柱头扩大。

果实＊瘦果卵球形，深褐色，有明显皱纹。

花果期＊花期5～9月，果期6～10月。

园内分布＊分布于13、15、20、32区。

85

蛇含委陵菜

Potentilla kleiniana

蔷薇科　委陵菜属

外观＊一年生、二年生或多年生宿根草本。

根茎＊多须根，纤细；花茎上升或匍匐，常于节处生根并发育出新植株，被柔毛。

叶＊基生叶鸟足状5小叶；小叶几无柄，倒卵形或长圆倒卵形，边缘多数急尖或圆钝锯齿。下部茎生叶具5小叶，上部茎生叶具3小叶，小叶与基生小叶相似，叶柄较短。

花序＊聚伞花序密集枝顶如假伞形。

花＊萼片三角卵圆形，副萼片披针形或椭圆披针形；花瓣黄色，顶端微凹，长于萼片；花柱近顶生，柱头扩大。

果实＊瘦果近圆形，具皱纹。

花果期＊4～9月。

园内分布＊分布于6、13区。

86

朝天委陵菜

Potentilla supina

蔷薇科　委陵菜属

外观＊一年生或二年生草本。
根茎＊茎平展，上升或直立，叉状分枝，被疏柔毛或脱落几无毛。
叶＊基生叶羽状复叶，叶柄疏生柔毛；小叶片长圆形或倒卵状长圆形，边缘圆钝或缺刻状锯齿，疏生柔毛，无小柄。茎生叶与基生叶相似。
花序＊花茎上多叶，下部花自叶腋生，顶端呈伞房状聚伞花序；花梗密被短柔毛。
花＊萼片三角卵形，副萼片长椭圆形或椭圆披针形；花瓣黄色，顶端微凹，与萼片近等长或较短；花柱近顶生。
果实＊瘦果长圆形。
花果期＊5～9月。
园内分布＊分布于13、15、20、32区。

113

87

蛇莓

Duchesnea indica

蔷薇科　蛇莓属

外观＊多年生草本。

根茎＊根茎短，粗壮；匍匐茎细长，多数，被柔毛。

叶＊具基生叶。茎生叶互生，三出复叶；小叶片倒卵形至菱状长圆形，边缘有钝锯齿，两面皆有柔毛，或上面无毛，小叶柄被柔毛；托叶窄卵形至宽披针形。

花序＊花单生于叶腋，花梗具毛。

花＊萼片卵形，外面有散生柔毛，副萼片倒卵形，先端具3～5锯齿；花瓣黄色，先端圆钝；雄蕊20～30，心皮多数，离生。

果实＊瘦果卵形，具不显明突起，鲜时有光泽。

花果期＊花期4～7月，果期5～10月。

园内分布＊全园广泛分布。

114

88

黄刺玫
Rosa xanthina

蔷薇科　蔷薇属

外观＊落叶丛生灌木，高2～3米。

枝条＊枝粗壮，密集，披散，散生皮刺，无针刺。

叶＊奇数羽状复叶互生；小叶7～13，宽卵形或近圆形，边缘有圆钝锯齿，两面无毛；叶轴、叶柄有稀疏柔毛和小皮刺；托叶带状披针形，大部贴生于叶柄，离生部分呈耳状。

花序＊花单生于叶腋，花梗无毛。

花＊萼片披针形；花黄色，重瓣至半重瓣；雄蕊多数分为数轮；花柱离生，被长柔毛，比雄蕊短很多。

果实＊蔷薇果近球形或倒卵圆形，紫褐色或黑褐色，无毛。

花果期＊花期4～6月，果期7～9月。

园内分布＊分布于22、27、32区。

115

月季花

Rosa chinensis

蔷薇科　蔷薇属

外观＊常绿或半常绿灌木，高1～2米。

枝条＊小枝粗壮，圆柱形，近无毛，有短粗的钩状皮刺。

叶＊奇数羽状复叶互生；小叶3～5，稀7，宽卵形至卵状长圆形，边缘有锐锯齿，两面近无毛，顶生小叶片有柄，总叶柄散生皮刺和腺毛；托叶大部贴生于叶柄。

花序＊花几朵集生，稀单生，花梗近无毛或有腺毛。

花＊萼片卵形，稀全缘；花重瓣至半重瓣，红色、粉红色至白色；雄蕊多数；花柱离生，约与雄蕊等长。

果实＊蔷薇果卵球形或梨形，红色，萼片脱落。

花果期＊花期5～10月，果期6～11月。

园内分布＊分布于28区。

90

日本晚樱

Cerasus serrulata var. *lannesiana*

蔷薇科 樱属

外观＊落叶乔木，高3～8米，树皮灰褐色或灰黑色。

枝条＊小枝灰白色或淡褐色，无毛。

叶＊叶片卵状椭圆形或倒卵椭圆形，边有渐尖重锯齿，齿端有长芒；叶柄无毛，先端有1～3圆形腺体；托叶早落。

花序＊花序伞房总状或近伞形，有花2～3朵，花叶同放。

花＊花梗稀被柔毛；萼筒管状，萼片三角披针形，先端渐尖或急尖，边全缘；花重瓣，白色至粉红色，先端下凹；雄蕊多数。

果实＊核果球形或卵球形，紫黑色。

花果期＊花期3～5月，果期6～7月。

园内分布＊分布于27区。

91

毛樱桃

Cerasus tomentosa

蔷薇科 樱属

外观＊落叶灌木，高2～3米。

根茎＊小枝紫褐色或灰褐色，嫩枝密被绒毛。

叶＊叶片卵状椭圆形或倒卵状椭圆形，边有急尖或粗锐锯齿，表面暗绿色或深绿色，被疏柔毛，背面灰绿色，疏生绒毛；叶柄疏生绒毛。

花序＊花单生或2朵簇生，花叶同放，近无梗。

花＊萼筒管状疏生短柔毛，萼片三角卵形，内外两面疏生短柔毛；花瓣白色或粉红色；雄蕊多数，短于花瓣；花柱伸出与雄蕊近等长或稍长。

果实＊核果近球形，红色。

花果期＊花期4月，果期5～6月。

园内分布＊分布于20区（科普园）。

92

东北扁核木

Prinsepia sinensis

蔷薇科　扁核木属

外观＊落叶灌木，高2~3米，多分枝。

枝条＊小枝红褐色，无毛，有棱条，枝条灰绿色或紫褐色，无毛，皮成片状剥落，枝刺直立或弯曲。

叶＊叶互生，稀丛生；卵状披针形或披针形，全缘或有稀疏锯齿，叶脉下陷，叶背疏生睫毛；叶柄无毛。

花序＊1~4朵簇生于叶腋，花梗无毛。

花＊萼筒钟状；萼片短三角状卵形；花微香，花瓣黄色；雄蕊10；柱头头状。

果实＊核果近球形或长圆形，红紫色或紫褐色，核坚硬，卵球形，微扁，有皱纹。

花果期＊花期3~4月，果期8~9月。

园内分布＊分布于20区（科普园）。

93

榆叶梅
Amygdalus triloba

蔷薇科 桃属

外观＊落叶灌木，高2～3米。

枝条＊枝条开展，具多数短小枝；小枝灰色，一年生枝灰褐色，无毛或幼时微被短柔毛。

叶＊短枝上的叶常簇生，一年生枝上的叶互生；叶片宽椭圆形至倒卵形，常3裂，表面具疏柔毛或无毛，背面被短柔毛，叶边具粗锯齿或重锯齿；叶柄被短柔毛。

花序＊花簇生，先花后叶，几无梗。

花＊萼筒宽钟形，微具毛，萼片卵状披针形；花瓣近圆形或宽倒卵形，粉红色；雄蕊多数；花柱稍长于雄蕊。

果实＊果实近球形，红色，外被短柔毛。

花果期＊花期4～5月，果期5～7月。

园内分布＊分布于11区。

园内常见变型：

○重瓣榆叶梅 f. *multiplex*
花较大，粉红色，花重瓣，花朵密集艳丽。
园内分布 * 分布于20、26、27区。

94

桃

Amygdalus persica

蔷薇科　桃属

外观＊落叶小乔木，高3～8米，树皮暗红褐色，老时粗糙呈鳞片状，树冠宽广而平展。

枝条＊小枝细长，无毛，有光泽，绿色，向阳处转变成红色，具大量小皮孔。

叶＊叶片长圆披针形、椭圆披针形或倒卵状披针形，中上部最宽，边缘具细锯齿或粗锯齿；叶柄粗壮。

花序＊花单生，先花后叶，花梗极短或几无梗。

花＊萼片卵形至长圆形；花瓣粉红色，罕为白色；雄蕊多数；花柱几与雄蕊等长或稍短。

果实＊果实形状和大小均有变异，外面密被短柔毛。

花果期＊花期4～5月，果期6～8月。

园内常见变型:

○碧桃 f. *duplex*
花较小，粉红色，重瓣或半重瓣。
园内分布 * 分布于22、23、27区。

○白碧桃 f. *albo-plena*

花大，白色，重瓣，密生。

园内分布＊分布于23、27区。

124

○红碧桃 f. *rubroplena*

花红色，近于重瓣。

园内分布＊分布于25、27区。

○紫叶桃 f. *atropurpurea*

嫩叶紫红色，后渐变为近绿色，花单瓣或重瓣，粉红或大红色。

园内分布＊分布于20、25、26区。

○菊花桃 f. *stellata*

花鲜桃红色，花瓣细而多，形似菊花。

园内分布＊分布于23、27区。

95

山桃
Amygdalus davidiana

蔷薇科　桃属

外观＊落叶乔木，高可达10米，树冠开展，树皮暗紫色，光滑。

根茎＊小枝细长，直立，无毛，老时褐色。

叶＊叶片卵状披针形，边具细锐锯齿，中下部最宽；叶柄无毛，常具腺体。

花序＊花单生，先于叶开放，花梗极短或几无梗。

花＊萼筒钟形，萼片卵形至卵状长圆形，紫色；花粉红色，先端圆钝，稀微凹；雄蕊多数；花柱长于雄蕊或近等长。

果实＊果实近球形，淡黄色，外面密被短柔毛。

花果期＊花期3~4月，果期7月。

园内分布＊分布于13、20、27区。

96

杏
Armeniaca vulgaris

蔷薇科 杏属

外观＊落叶乔木，高可达10米，树冠圆形、扁圆形或长圆形；树皮灰褐色，纵裂。

枝条＊一年生枝浅红褐色，具多数小皮孔；多年生枝浅褐色，皮孔大而横生。

叶＊叶片宽卵形或圆卵形，边缘有圆钝锯齿，背面脉腋具柔毛；在向阳面，叶柄上部红色。

花序＊花单生，或数朵簇生，先于叶开放，花梗被短柔毛。

花＊花萼紫红色，花后反折；花瓣白色或带粉红色；雄蕊多数，稍短于花瓣；花柱稍长或几与雄蕊等长。

果实＊果实近球形，白色、黄色至黄红色，微被短柔毛。

花果期＊花期3～4月，果期6～7月。

园内分布＊分布于20区。

127

美人梅
Armeniaca mume 'Meiren'

蔷薇科　杏属

外观＊落叶小乔木，稀灌木，高4～10米；树冠正，开张卵形。

枝条＊枝干紫灰褐色，大枝和小枝灰暗褐紫色；嫩梢暗红色。

叶＊叶片卵形或阔卵形，似紫叶李，常年暗绿或紫红色。

花序＊花单生或1～2朵着生于花枝，花密集，先于叶开放或花叶同放；花梗无毛。

花＊萼片常5偶6，平展至强反曲，圆形，边缘有细齿，淡绿色为绛紫色所掩；花态蝶形，重瓣2～3层，瓣边起伏飞舞，花瓣浅紫色至淡紫色；雄蕊多数；雌蕊1，多退化。

果实＊核果椭圆形，果皮鲜红色。

花果期＊花期3～4月，果期6～7月。

园内分布＊分布于20、27区。

98

李
Prunus salicina

蔷薇科　李属

外观＊落叶小乔木，高可达9米，树冠广圆形，树皮灰褐色。

枝条＊小枝黄红色，无毛，老枝紫褐色或红褐色，无毛。

叶＊叶长圆倒卵形、长椭圆形，边缘有圆钝重锯齿，叶两面及叶柄均无毛。

花序＊花通常3朵并生，先叶开放或与叶同时开放，花梗无毛。

花＊萼筒钟状，萼片长圆卵形，萼筒和萼片无毛；花瓣白色；雄蕊多数，排成不规则2轮，短于花瓣短。

果实＊核果球形、卵球形或近圆锥形。

花果期＊花期4月，果期7～8月。

园内分布＊分布于27区。

99

紫叶李

Prunus cerasifera f. atropurpurea

蔷薇科 李属

外观＊落叶灌木或小乔木，高达8米。

枝条＊多分枝，枝条细长，开展，暗灰色，稍具棘刺；小枝暗红色，无毛。

叶＊叶片椭圆形、卵形或倒卵形，边缘有圆钝锯齿，常年叶片紫色，背面叶脉具毛；叶柄略具短柔毛。

花序＊花单生，稀2朵，先叶开放或与叶同时开放；花梗略具短柔毛。

花＊萼筒钟状，萼片长卵形；花瓣白色，边缘波状；雄蕊多数，排成2轮，短于花瓣；花柱比雄蕊稍长。

果实＊核果近球形或椭圆形，黄色、红色或黑色。

花果期＊花期4～5月，果期7～8月。

园内分布＊分布于25、26、27区。

100

稠李

Padus racemosa

蔷薇科　稠李属

外观＊落叶乔木，高可达15米，树皮粗糙而多斑纹。

枝条＊小枝红褐色或带黄褐色，老枝紫褐色或灰褐色，有浅色皮孔。

叶＊叶片椭圆形、长圆形或长圆倒卵形，边缘有不规则锐锯齿，两面无毛；叶柄顶端两侧各具1腺体。

花序＊总状花序生于当年生小枝顶端；花序梗和小花梗通常无毛。

花＊萼筒比萼片稍长；花瓣白色，比雄蕊长近1倍；雄蕊多数，排成紧密不规则2轮；花柱长度约为雄蕊的一半。

果实＊核果卵球形，红褐色至黑色，光滑。

花果期＊花期4～5月，果期7～10月。

园内分布＊分布于19、27区。

园内常见栽培变种：

［附］

○紫叶稠李 *Padus virginiana* 'Canada Red'

落叶小乔木，高可达7米，小枝褐色；叶卵状长椭圆形至倒卵形，新叶绿色，后变紫色，叶背发灰；花白色，成下垂的总状花序；果红色，后变紫黑色。

园内分布＊分布于27区。

101

合欢
Albizia julibrissin

豆科　合欢属

外观＊落叶乔木，树冠开展，高可达16米。

枝条＊小枝有棱角，嫩枝被绒毛或短柔毛。

叶＊二回羽状复叶，总叶柄近基部及最顶一对羽片着生处各有1枚腺体；小叶线形至长圆形，先端有小尖头，有缘毛，中脉紧靠上边缘。

花序＊头状花序于枝顶排成圆锥花序，花序轴被绒毛或短柔毛。

花＊花萼、花冠外均被短柔毛；花粉红色，花萼管状；雄蕊多数。

果实＊荚果带状，扁平，嫩荚有柔毛，老荚无毛。

花果期＊花期7～8月，果期8～9月。

园内分布＊分布于27区。

134

102

皂荚

别名：皂角

Gleditsia sinensis

豆科　皂荚属

外观＊落叶乔木或小乔木，高可达30米。

枝条＊枝灰色至深褐色，刺粗壮，圆柱形，常分枝，多呈圆锥状。

叶＊羽状复叶，纸质；小叶卵状披针形至长圆形，边缘具细锯齿，两面具毛；叶柄被短柔毛。

花序＊总状花序腋生或顶生，被短柔毛。

花＊花杂性，黄白色，雄花略小于两性花。雄花花瓣4，被微柔毛；雄蕊6~8；退化雌蕊短于花瓣。两性花萼、花瓣与雄花的相似；萼片、花瓣长于雄花；雄蕊8；柱头浅2裂。

果实＊荚果带状，劲直。

花果期＊花期5~6月，果期10月。

园内分布＊分布于20区。

103

山皂荚
Gleditsia japonica

豆科　皂荚属

外观＊落叶乔木，高可达25米

枝条＊小枝紫褐色或脱皮后呈灰绿色，具分散的白色皮孔；刺略扁，粗壮，常分枝。

叶＊一回或二回羽状复叶互生；小叶3～10对，纸质至厚纸质，卵状长圆形或卵状披针形至长圆形，基部阔楔形或圆形，全缘或具波状疏圆齿，小叶柄极短。

花序＊穗状花序腋生或顶生。

花＊花杂性，黄绿色，雌花序略短。雄花花瓣4，椭圆形，被柔毛。雌花花瓣4～5，形状与雄花的相似，两面密被柔毛；雄蕊退化不育。

果实＊荚果带形，扁平，不规则旋扭，先端具喙。

花果期＊花期5月，果期7月。

园内分布＊分布于17区。

104

紫荆
Cercis chinensis

豆科 紫荆属

外观＊丛生或单生落叶灌木，高2～5米。

枝条＊树皮和小枝灰白色。

叶＊叶纸质，近圆形或三角状圆形，两面通常无毛，嫩叶绿色，仅叶柄略带紫色，叶缘膜质透明，新鲜时明显可见。

花序＊簇生于老枝和主干上，尤以主干上花束较多，先于叶开放，嫩枝及幼株则花叶同放。

花＊花紫红色，花瓣5，近蝶形，具柄，不等大；雄蕊10枚，分离；花柱线形，柱头头状。

果实＊荚果扁狭长形，初时绿色，老熟后灰褐色。

花果期＊花期4月，果期8～9月。

园内分布＊分布于27区。

槐

别名：国槐

Sophora japonica

豆科　槐属

外观＊落叶乔木，高可达25米，树皮灰褐色，具纵裂纹。

枝条＊当年生枝绿色，无毛。

叶＊奇数羽状复叶对生或近互生；叶柄基部膨大；纸质小叶4～7对，卵状披针形或卵状长圆形，先端渐尖，稍偏斜，下面灰白色，初被疏短柔毛，旋变无毛。

花序＊圆锥花序顶生。

花＊花萼浅钟状近等大，被灰白色短柔毛，萼管近无毛；花白色或淡黄色，花冠蝶形；雄蕊近分离。

果实＊荚果串珠状。

花果期＊花期7～8月，果期10月。

园内分布＊分布于20、27、33区。

园内常见变型：

○龙爪槐 *f. pendula*
本变型枝和小枝均下垂，并向不同方向弯曲盘旋，形似龙爪。
园内分布＊分布于26、27、28区。

○五叶槐（别名：蝴蝶槐、畸叶槐）

f. *oligophylla*

本变种复叶只有小叶3～5枚，集生于叶
轴先端成为掌状，或仅为规则的掌状分
裂，下面常疏被长柔毛。

园内分布＊分布于20区（科普园）。

140

106

紫藤
Wisteria sinensis

豆科　紫藤属

外观＊落叶缠绕木质藤本。

枝条＊茎左旋，枝较粗壮，嫩枝被白色柔毛，后秃净。

叶＊奇数羽状复叶互生；小叶3～6对，纸质，卵状椭圆形至卵状披针形，全缘，嫩叶两面被平伏毛，后秃净；小叶柄被柔毛。

花序＊总状花序腋生或顶生，下垂，花序梗被白色柔毛，小花梗细，花芳香。

花＊花萼杯状，密被细绢毛；花浅紫色，花冠蝶形；雄蕊两体（9+1）；花柱无毛，上弯。

果实＊荚果倒披针形，密被绒毛。

花果期＊花期4～5月，果期8～9月。

园内分布＊分布于27、28区。

107

刺槐

别名：洋槐

Robinia pseudoacacia

豆科　刺槐属

外观＊落叶乔木，高可达25米，树皮灰褐色至黑褐色，浅裂至深纵裂。

枝条＊小枝灰褐色，幼时有棱脊，微被毛，后无毛。

叶＊奇数羽状复叶互生；刺状托叶宿存；叶轴具沟槽，小叶椭圆形、长椭圆形或卵形，全缘。

花序＊总状花序腋生，下垂，花芳香。

花＊花萼斜钟状，密被柔毛；花白色，花冠蝶形；雄蕊两体（9+1）；花柱钻形，上弯，顶端具毛，柱头顶生。

果实＊荚果褐色或具红褐色斑纹，线状长圆形，扁平。

花果期＊花期4～5月，果期7～9月。

园内分布＊分布于17、20、26区。

142

园内常见栽培变种：

○红花刺槐'Decaisneana'
花亮玫瑰红色，较刺槐美丽。
园内分布 * 分布于20区（科普园）。

143

108

胡枝子
Lespedeza bicolor

豆科　胡枝子属

外观＊直立落叶灌木，高1～3米。

枝条＊多分枝，小枝黄色或暗褐色，有条棱，被疏短毛。

叶＊三出羽状复叶；托叶线状披针形；叶柄无毛；小叶质薄，卵形、倒卵形或卵状长圆形，先端钝圆或微凹，全缘。

花序＊总状花序腋生，长于叶，常构成大型、较疏松的圆锥花序；总花梗及小花梗被毛。

花＊花红紫色；花萼5浅裂，裂片通常短于萼筒；花冠左右对称，蝶形；雄蕊两体（9+1）。

果实＊荚果斜倒卵形，稍扁，密被短柔毛。

花果期＊花期7～8月，果期9～10月。

园内分布＊分布于21区。

144

109

兴安胡枝子

别名：达呼里胡枝子

Lespedeza daurica

豆科　胡枝子属

外观＊落叶小灌木，高约1米，茎通常稍斜升，单一或数个簇生。

枝条＊幼枝绿褐色，有细棱，被白色短柔毛，老枝黄褐色或赤褐色，略具短毛。

叶＊三出羽状复叶；托叶线形；小叶长圆形或狭长圆形，叶背被贴伏的短柔毛，全缘。

花序＊总状花序腋生，较叶短或与叶等长；花序梗密生短柔毛。

花＊花萼5深裂，裂片与花冠近等长；花白色或黄白色，花冠蝶形；雄蕊两体（9+1）；闭锁花生于叶腋，结实。

果实＊荚果小，倒卵形或长倒卵形，有毛。

花果期＊花期5～7月，果期6～9月。

园内分布＊分布于13区。

110

野大豆
Glycine soja

豆科 大豆属

外观＊一年生缠绕草本。

根茎＊茎、小枝纤细，全体疏被褐色长硬毛。

叶＊三出羽状复叶对生；托叶卵状披针形，被黄色柔毛；顶生小叶卵圆形或卵状披针形，全缘，两面均被绢状的糙伏毛，侧生小叶斜卵状披针形。

花序＊总状花序通常短，花小；花梗密生黄色长硬毛。

花＊花萼钟状，密生长毛，5裂；花淡红紫色或白色，花冠蝶形；花柱短而向一侧弯曲。

果实＊荚果长圆形，略扁平，密被长硬毛。

花果期＊花期6～8月，果期7～9月。

园内分布＊分布于13区。

111

紫穗槐
Amorpha fruticosa

豆科　紫穗槐属

外观＊落叶丛生灌木，高1～4米。

枝条＊嫩枝密被短柔毛，小枝灰褐色，被疏毛，后变无毛。

叶＊奇数羽状复叶互生；小叶卵形或椭圆形，先端有一短而弯曲的尖刺，两面略具毛，具黑色腺点。

花序＊穗状花序常1至数个顶生和枝端腋生，密被短柔毛，具短花序梗。

花＊花萼被疏毛；花暗紫色，蝶形花冠退化，仅剩旗瓣；雄蕊10，下部合生成鞘，上部分裂。

果实＊荚果下垂，微弯曲，顶端具小尖，棕褐色。

花果期＊花期5～6月，果期7～9月。

园内分布＊分布于20区（科普园）。

锦鸡儿
Caragana sinica

豆科　锦鸡儿属

外观＊落叶灌木，高1~2米，树皮深褐色。

小枝＊小枝有棱，无毛。

叶＊偶数羽状复叶或假掌状复叶互生；托叶硬化成针刺；小叶2对，羽状，厚革质或硬纸质倒卵形或长圆状倒卵形，全缘。

花序＊花单生，花梗中部有关节。

花＊花萼钟状；花黄色，常带红色，花冠蝶形；二体雄蕊。

果实＊荚果圆筒状。

花果期＊花期4~5月，果期6~7月。

园内分布＊分布于27区。

148

113

达乌里黄耆
Astragalus dahuricus

豆科 黄耆属

外观＊一年生或二年生草本，株高30～70厘米，被开展白色柔毛。

根茎＊茎直立，分枝，有细棱。

叶＊奇数羽状复叶互生；线形托叶与叶柄离生；小叶11～19，长圆形、倒卵状长圆形或长圆状椭圆形，全缘。

花序＊总状花序较密，着花10～20。

花＊花萼斜钟状，萼齿线形或刚毛状；花紫色，花冠蝶形；雄蕊二体。

果实＊荚果线形，先端凸尖喙状，微曲。

花果期＊花期6～8月，果期7～9月。

园内分布＊分布于13区。

114

糙叶黄耆
Astragalus scaberrimus

豆科　黄耆属

外观＊多年生草本，密被白色伏贴毛。

根茎＊根状茎短缩，多分枝，木质化；地上茎不明显或极短，有时伸长而匍匐。

叶＊奇数羽状复叶互生或偶簇生；托叶下部与叶柄贴生；小叶7～15片，叶柄具毛，小叶片椭圆形或近圆形，有时披针形，两面密被伏贴毛，全缘。

花序＊总状花序腋生，着3～5花，排列紧密或稍稀疏；花梗极短。

花＊花萼管状，被细伏贴毛，与萼筒等长或稍短；花淡黄色或白色，花冠蝶形；雄蕊二体。

果实＊荚果披针状长圆形，微弯，密被白色伏贴毛。

花果期＊花期4～5月，果期5～6月。

园内分布＊分布于13、20区。

150

115

绣球小冠花

Coronilla varia

豆科 小冠花属

外观＊多年生草本，高60～80厘米。

根茎＊茎直立，粗壮，多分枝；茎、小枝圆柱形，具条棱，髓心白色。

叶＊奇数羽状复叶互生；小叶11～17，薄纸质，椭圆形或长圆形，先端具短尖头，两面无毛；小叶柄无毛。

花序＊伞形花序腋生，比叶短；总花梗疏生小刺，花密集排列成绣球状。

花＊花萼膜质，萼齿短于萼管；花紫色、淡红色或白色，有明显紫色条纹，花冠蝶形；雄蕊两体（9+1）。

果实＊荚果细长圆柱形，稍扁，具4棱。

花果期＊花期6～7月，果期8～9月。

园内分布＊分布于15区。

151

大花野豌豆

别名：三齿萼野豌豆

Vicia bungei

豆科　野豌豆属

外观＊一二年生缠绕或匍匐状草本。

根茎＊茎有棱，多分枝。

叶＊偶数羽状复叶，顶端卷须有分枝，近无毛；小叶长圆形或狭倒卵长圆形，先端平截微凹，背面叶脉明显被疏柔毛。

花序＊总状花序长于叶或与叶近等长；具花2～5朵，着生于花序轴顶端。

花＊萼钟形，被疏柔毛花红紫色或金蓝紫色；花冠蝶形；二体雄蕊（9+1）；花柱上部被长柔毛。

果实＊荚果长圆形，稍弯，密被长硬毛。

花果期＊花期5～6月，果期6～9月。

园内分布＊分布于13、20、27、32区。

117

草木犀

Melilotus officinalis

豆科 草木犀属

外观＊二年生草本，株高60~90厘米。

根茎＊茎直立，粗壮，多分枝，具纵棱，微被柔毛。

叶＊三出羽状复叶，互生；托叶镰状线形；叶柄细长；小叶倒卵形、阔卵形、倒披针形至线形，边缘具不整齐疏浅齿，叶背散生短柔毛，顶生小叶稍大。

花序＊总状花序腋生，具花多数，初时稠密，花开后渐疏松，花序轴在花期中显著伸展。

花＊萼钟形，脉纹5条，清晰，萼齿三角状披针形；花黄色，花冠蝶形；雄蕊两体（9+1）；花柱长于子房。

果实＊荚果卵形，先端具宿存花柱。

花果期＊花期6~8月，果期8~10月。

园内分布＊分布于15区。

153

118

紫苜蓿
Medicago sativa

豆科　苜蓿属

外观＊多年生草本，高30～80厘米。

根茎＊根粗壮、发达。茎直立、丛生以至平卧，四棱形，无毛或微被柔毛，枝叶茂盛。

叶＊三出羽状复叶，互生；托叶大，卵状披针形；叶柄比小叶短；小叶长卵形、倒长卵形至线状卵形，边缘1/3以上具锯齿，叶背具贴伏柔毛。

花序＊花序总状或头状，具花5～30朵；总花梗挺直，比叶长。

花＊萼钟形，萼齿线状锥形，比萼筒长，被贴伏柔毛；花深蓝至暗紫色；雄蕊两体。

果实＊荚果螺旋形转曲。

花果期＊花期5～7月，果期6～8月。

园内分布＊分布于15区。

154

119

白车轴草

别名：白三叶

Trifolium repens

豆科　车轴草属

外观＊多年生匍匐草本，高10～30厘米。

根茎＊主根短，侧根和须根发达。茎匍匐蔓生，上部稍上升，节上生根，全株无毛。

叶＊掌状三出复叶；叶柄较长；小叶倒卵形至近圆形，先端凹头至钝圆，中下部具弧形白斑，近叶边分叉并伸达锯齿齿尖；小叶柄微被柔毛。

花序＊花序球形，顶生；小花密集。

花＊萼钟形，萼齿5，短于萼筒；花白色、乳黄色或淡红色，具香气，花冠蝶形；雄蕊两体，上方1枚离生。

果实＊荚果长圆形。

花果期＊花期5～6月，果期8～9月。

园内分布＊分布15、20区。

120

米口袋

Gueldenstaedtia verna ssp. *multiflora*

豆科　米口袋属

外观＊多年生草本，植株被毛。

根茎＊主根圆锥状。分茎极缩短，叶及总花梗于分茎上丛生。

叶＊奇数羽状复叶，夏秋明显增长；叶柄具沟；小叶7～21片，椭圆形到长圆形，卵形到长卵形。

花序＊伞形花序有2～6朵花；总花梗具沟，被长柔毛。

花＊花萼钟状，被贴伏长柔毛；花紫堇色，花冠蝶形；雄蕊（9+1）二体。

果实＊荚果圆筒状，被长柔毛。

花果期＊花期4～5月，果期5～6月。

园内分布＊分布于13、20区。

121

马鞍树
Maackia hupehensis

豆科　马鞍树属

外观＊落叶乔木，高可达23米，树皮绿灰色或灰黑褐色。

枝条＊幼枝及芽被灰白色柔毛，老枝紫褐色，毛脱落。

叶＊奇数羽状复叶互生；小叶4～6对，卵形、卵状椭圆形或椭圆形，表面无毛，叶背密被平伏褐色短柔毛。

花序＊总状花序，2～6个集生枝稍，花序梗密被淡黄褐色柔毛，小花梗密被锈褐色毛。

花＊花萼外面密被锈褐色柔毛；花白色，花冠左右对称，蝶形；雄蕊10，花丝基部稍连合。

果实＊荚果阔椭圆形或长椭圆形，扁平，褐色。

花果期＊花期6～7月，果期8～9月。

园内分布＊分布于27区。

122

决明
Cassia tora

豆科 决明属

外观＊一年生亚灌木状草本，高1~2米。

根茎＊茎直立、粗壮。

叶＊偶数羽状复叶；小叶3对，膜质，倒卵形或倒卵状长椭圆形，全缘，叶背被柔毛；叶轴上每对小叶间有棒状的腺体。

花序＊花通常2朵生于叶腋；具总花梗，花梗丝状。

花＊花瓣黄色，下面两片略长；能育雄蕊7枚，花丝短于花药；雌蕊1。

果实＊荚果纤细，近四棱形，两端渐尖。

花果期＊花期7~8月，果期9月。

园内分布＊分布于20区。

123

酢浆草

Oxalis corniculata

酢浆草科　酢浆草属

外观＊多年生草本，全株被柔毛。

根茎＊根茎稍肥厚。茎细弱，多分枝，直立或匍匐，匍匐茎节上生根。

叶＊叶基生或茎上互生；叶柄基部具关节；小叶3，无柄，倒心形，边缘具贴伏缘毛。

花序＊花单生或数朵集为伞形花序状，腋生；总花梗淡红色，与叶近等长；小花梗果后延伸。

花＊萼片5，背面和边缘被柔毛，宿存；花瓣5，黄色，长圆状倒卵形；雄蕊10，基部合生，长短不等；花柱5，柱头头状。

果实＊蒴果长圆柱形，5棱。

花果期＊花期5～9月，果期6～10月。

园内分布＊全园广泛分布。

124

牻牛儿苗

Erodium stephanianum

牻牛儿苗科　牻牛儿苗属

外观＊多年生草本，高15～50厘米。

根茎＊根为直根，较粗壮。茎多数，仰卧或蔓生，具节，被柔毛。

叶＊叶对生；三角状托叶，边缘具缘毛；基生叶和茎下部叶柄被长柔毛；叶二回羽状深裂，小裂片全缘或具疏齿，两面被毛。

花序＊伞形花序腋生，明显长于叶，具2～5花，总花梗被长柔毛。

花＊萼片先端具长芒，被长糙毛；花瓣紫红色，先端圆形或微凹；花丝紫色，中部以下扩展，被柔毛；雌蕊被糙毛，花柱紫红色。

果实＊蒴果圆锥形，密被短糙毛。

花果期＊花期4～5月，果期6～8月。

园内分布＊分布于13区。

161

125

鼠掌老鹳草

Geranium sibiricum

牻牛儿苗科　老鹳草属

外观＊多年生草本，高30～70厘米。

根茎＊茎纤细，多分枝，具棱槽，被倒向疏柔毛。

叶＊叶对生；披针形托叶，基部抱茎；基生叶和茎下部叶具长柄；下部叶掌状5深裂；中部以上齿状羽裂或齿状深缺刻；上部叶3～5裂。

花序＊总花梗丝状，单生于叶腋，长于叶，被倒向柔毛或伏毛，具1花或偶具2花。

花＊萼片先端急尖，被疏柔毛；花瓣淡紫色或白色，先端微凹或缺刻状；花药紫色；花柱五裂。

果实＊蒴果被疏柔毛，果梗下垂。

花果期＊花期7～8月，果期8～10月。

园内分布＊分布于13、19、20区。

126

蒺藜

别名：蒺藜狗子

Tribulus terrester

蒺藜科　蒺藜属

外观＊一年生草本。

根茎＊茎平卧，被长柔毛或长硬毛，长20～60厘米。

叶＊偶数羽状复叶，对生；小叶3～8对，矩圆形或斜短圆形，先端锐尖或钝，基部稍偏科，被柔毛，全缘。

花序＊单花腋生，花梗短于叶。

花＊花黄色；萼片5；花瓣5；雄蕊10，生于花盘基部；柱头5裂。

果实＊果有分果瓣5，硬，被毛，中部边缘有锐刺2枚，下部常有小锐刺2枚。

花果期＊花期5～8月，果期6～9月。

园内分布＊分布于20区。

127

枳

别名：枸橘

Poncirus trifoliata

芸香科　枳属

外观＊落叶灌木或小乔木，高1～5米。

枝条＊枝绿色，嫩枝扁，有纵棱，枝刺大且多，刺尖干枯状，基部扁平。

叶＊三出复叶互生；叶柄有狭长的翼叶；叶缘有细钝裂齿或全缘，嫩叶中脉上有细毛。

花序＊花单朵或成对腋生，先叶开放，有完全花及不完全花，后者雄蕊发育，雌蕊萎缩。

花＊萼片卵形；花瓣白色，匙形；雄蕊通常20枚，花丝不等长；花柱短而粗，柱头头状。

果实＊圆球形或梨形，大小差异较大。

花果期＊花期4～5月，果期8～10月。

园内分布＊分布于20区（科普园）。

128

臭椿
Ailanthus altissima

苦木科 臭椿属

外观＊落叶乔木，高可达20米，树皮平滑而有竖纹。
枝条＊嫩枝有髓，幼时被黄色或黄褐色柔毛，后脱落。
叶＊奇数羽状复叶互生；叶柄和叶轴略具毛；小叶对生或近对生，纸质，卵状披针形，基部两侧各具1或2个粗锯齿，齿背有腺体1个，揉碎后具臭味。
花序＊圆锥花序顶生，花杂性。
花＊萼片5；花瓣5；雄蕊10，雄花中的花丝长于花瓣，花药长圆形；雌花中的花丝短于花瓣，柱头5裂。
果实＊翅果长椭圆形。
花果期＊花期6～7月，果期9～10月。
园内分布＊分布于10、23、26区。

166

园内常见栽培变种：

○千头臭椿‘Umbraculifera’
树冠圆头形，整齐美观。
园内分布 ＊ 分布于23区。

167

129

香椿
Toona sinensis

棟科　香椿属

外观＊落叶乔木，树皮粗糙，深褐色，片状脱落。

枝条＊幼枝具毛，揉搓后具特殊气味。

叶＊偶数羽状复叶互生；叶具长柄；小叶16～20，卵状披针形或卵状长椭圆形，全缘或有疏离的小锯齿，两面均无毛。

花序＊圆锥花序顶生，与复叶等长或更长。

花＊花萼5齿裂或浅波状，外面被柔毛；花瓣5，白色；雄蕊10，其中5枚能育，5枚退化；花柱比子房长，柱头盘状。

果实＊蒴果狭椭圆形，深褐色。

花果期＊花期5～6月，果期8～9月。

园内分布＊分布于23、25区。

130

蓖麻
Ricinus communis

大戟科　蓖麻属

外观＊一年生粗壮草本或草质灌木，达1.5～2米。

根茎＊茎直立，有时分枝，多液汁。

叶＊叶盾状着生，掌状裂，裂缺几达中部，边缘具锯齿；叶柄粗壮，中空，顶端具2枚盘状腺体，基部具盘状腺体。

花序＊总状花序或圆锥花序，顶生；雌雄同株，雌雄花在同一花序中，具短花序梗。

花＊雄花生于花序下部；雌花生于花序上部。均多朵簇生于苞腋。

果实＊蒴果卵球形或近球形，果皮具软刺或平滑。

花果期＊花期7～8月，果期9～10月。

园内分布＊分布于32区。

131

铁苋菜
Acalypha australis

大戟科　铁苋菜属

外观＊一年生草本，高20～50厘米。

枝条＊小枝细长，被贴柔毛，毛逐渐稀疏。

叶＊叶膜质，长卵形、近菱状卵形，边缘具圆锯，叶背沿中脉具柔毛；叶柄具短柔毛。

花序＊花单性同株；雄花序生于上部，呈穗状或头状排列；雌花生于下部，腋生。

花＊雄花簇生，苞片卵形，苞腋具雄花5～7朵；雌花苞片卵状心形，花后增大，苞腋具雌花1～3朵。

果实＊蒴果具3个分果爿。

花果期＊花期5～8月，果期7～9月。

园内分布＊分布于1、2区。

170

地锦

别名：地锦草

Euphorbia humifusa

大戟科　大戟属

外观＊一年生草本，体内具白色乳液。

根茎＊根纤细，常不分枝。茎匍匐，自基部以上多分枝，被柔毛或疏柔毛。

叶＊单叶对生；矩圆形或椭圆形，边缘常于中部以上具细锯齿，叶正、背两面被疏柔毛；叶柄极短。

花序＊杯状聚伞花序腋生，具短梗，花单性同株，雌雄花生于同一杯状总苞内，总苞边缘具白色或淡红色附属物。

花＊雄花数枚，近与总苞边缘等长；雌花1枚。

果实＊蒴果三棱状卵球形，成熟时分裂为3个分果爿。

花果期＊花期6~9月，果期7~10月。

园内分布＊分布于13、15、20、32区。

171

133

斑地锦

Euphorbia maculata

大戟科 大戟属

外观＊一年生草本，体内具白色乳液。

根茎＊根纤细。茎匍匐，被白色疏柔毛。

叶＊单叶对生；长椭圆形至肾状长圆形，不对称，边缘中部以下全缘，中部以上常具细小疏锯齿；表面中部常具有一个长圆形的紫色斑点，两面无毛；叶柄极短。

花序＊杯状聚伞花序腋生，具短梗，花单性同株，生于同一杯状总苞内，总苞边缘具白色附属物。

花＊雄花4～5，微伸出总苞外；雌花1。

果实＊蒴果三角状卵形，被稀疏柔毛，成熟时易分裂为3个分果爿。

花果期＊花期6～9月，果期7～10月。

园内分布＊分布于13、26区。

172

134

乳浆大戟

别名：猫眼草

Euphorbia esula

大戟科 大戟属

外观＊多年生草本，高10～30厘米，体内具白色乳汁。

根茎＊根圆柱状，略分枝；茎单生或丛生，上部分枝。

叶＊叶线形至卵形，多变化；无柄；不育枝叶常为松针状。

花序＊聚伞花序单生于二歧分枝的顶端，基部无柄；花单性同株，生于同一总苞内。

花＊雄花多枚，苞片宽线形，无毛；雌花1枚。

果实＊蒴果三棱状球形，具3个纵沟，成熟时分裂为3个分果爿。

花果期＊花期5～6月，果期6～7月。

园内分布＊分布于13、20区。

135

黄杨
Buxus sinica

黄杨科　黄杨属

外观＊常绿灌木，高1～6米。

枝条＊枝条圆柱形，有纵棱，灰白色，小枝四棱形，具短柔毛。

叶＊叶革质，阔椭圆形、阔倒卵形，先端圆或钝，常有小凹，全缘。

花序＊花单性同株；头状花序腋生，花密集；花序轴被毛。

花＊雄花约10朵，无花梗，萼片无毛，不育雌蕊有棒状柄，末端膨大；雌花萼片无毛，花柱3，粗扁，柱头倒心形。

果实＊蒴果近球形，顶端有3个宿存花柱，成熟时3裂。

花果期＊花期4月，果期6～7月。

园内分布＊分布于20、27区。

136

红叶

别名: 灰毛黄栌

Cotinus coggygria var. *cinerea*

漆树科　黄栌属

外观＊落叶灌木或小乔木，高3～5米，树皮暗褐色。

枝条＊小枝紫褐色。

叶＊单叶互生；叶倒卵形或卵圆形，全缘，正、背两面或尤其叶背显著被灰色柔毛。秋季叶色红艳，是北京秋季著名观叶树种。

花序＊圆锥花序顶生，花杂性。

花＊花萼无毛；花瓣卵形或卵状披针形；雄蕊5，花药卵形，与花丝等长；花柱3，分离，不等长。不孕花花后花梗伸长，被紫红色长柔毛。

果实＊核果肾形。

花果期＊花期4～5月，果期6～7月。

园内分布＊分布于11、20区（科普园）。

137

扶芳藤
Euonymus fortunei

卫矛科　卫矛属

外观＊常绿藤本，或呈灌木状。

枝条＊小枝方棱不明显，茎上生出的气生根来攀缘他物。

叶＊叶薄革质，椭圆形、长方椭圆形或长倒卵形，宽窄变异较大，可窄至近披针形，边缘齿浅不明显；叶柄极短。

花序＊聚伞花序，腋生，3～4次分枝，小聚伞花密集，有花4～7朵，分枝中央有单花，小花梗极短。

花＊花白绿色，4数；花丝细长，花药圆心形。

果实＊蒴果近球状，粉红色，光滑。

花果期＊花期6～7月，果期9～10月。

园内分布＊分布于20区。

138

冬青卫矛

别名：大叶黄杨

Euonymus japonicus

卫矛科　卫矛属

外观＊常绿灌木，高可达3米。

枝条＊小枝绿色，稍呈四棱形。

叶＊叶革质，有光泽，倒卵形或椭圆形，先端圆阔或急尖，边缘具有浅细钝齿；具叶柄。

花序＊聚伞花序5~12花，2~3次分枝，分枝及花序梗均扁壮，第三次分枝常与小花梗等长或较短；小花梗不足1厘米。

花＊花白绿色；花瓣近卵圆形，长宽近相等；雄蕊花药长圆状。

果实＊蒴果近球状。

花果期＊花期6~7月，果期9~10月。

园内分布＊分布于24区。

139

白杜

别名：丝绵木，明开夜合

Euonymus maackii

卫矛科　卫矛属

外观＊落叶小乔木，高可达6米，树皮灰褐色。

根茎＊小枝灰绿色细长，圆柱形。

叶＊叶卵状椭圆形、卵圆形或窄椭圆形，边缘具细锯齿，有时极深而锐利；叶柄通常细长。

花序＊聚伞花序3至多花腋生，花序梗略扁。

花＊花4数，淡白绿色或黄绿色；小花梗短；雄蕊花药紫红色，花丝明显。

果实＊蒴果，4深裂，成熟后果皮粉红色。

花果期＊花期5月，果期8～10月。

园内分布＊分布于11、20（科普园）、27区。

卫矛

Euonymus alatus

卫矛科　卫矛属

外观＊落叶小灌木，高1～3米。

枝条＊小枝常具2～4列宽阔木栓翅。

叶＊叶卵状椭圆形、窄长椭圆形，偶为倒卵形，边缘具细锯齿，正、背两面光滑无毛。

花序＊聚伞花序具1～3花，腋生，花序梗长度约为小花梗的两倍。

花＊花白绿色，4数；萼片半圆形；花瓣近圆形；雄蕊着生花盘边缘处，开花后稍增长，花药宽阔长方形。

果实＊蒴果1～4深裂，裂瓣椭圆状。

花果期＊花期5～6月，果期9～10月。

园内分布＊分布于26区。

141

元宝槭

别名：平基槭、元宝枫

Acer truncatum

槭树科　槭属

外观＊落叶乔木，高8～10米，树皮灰褐色或深褐色，深纵裂。

枝条＊当年生枝绿色；多年生枝灰褐色，具圆形皮孔。

叶＊单叶对生；叶柄稀嫩时顶端被短柔毛；叶掌状5裂，全缘，基部截形稀近于心脏形，两面无毛。

花序＊雄花与两性花同株，常呈无毛的伞房花序，顶生，花序梗短。

花＊萼片5，长圆形；花瓣5，淡黄色或淡白色；雄蕊8，生于两性花者较短，花药黄色；花柱2裂，柱头反卷。

果实＊双翅果对生，成熟时淡黄色或淡褐色。

花果期＊花期4～5月，果期8～10月。

园内分布＊分布于18、26区。

142

七叶树

Aesculus chinensis

七叶树科　七叶树属

外观＊落叶乔木，高可达25米，树皮深褐色或灰褐色。

枝条＊小枝圆柱形，黄褐色或灰褐色，有圆形或椭圆形淡黄色的皮孔。

叶＊掌状复叶对生，由5～7小叶组成；小叶长圆披针形至长圆倒披针形，边缘有钝尖形的细锯齿，中央小叶柄长于两侧小叶柄。

花序＊圆柱状圆锥花序顶生，小花多数，花序梗具微柔毛。

花＊花杂性，雄花与两性花同株；花萼管状钟形；花瓣4，白色，边缘有纤毛；花药淡黄色。

果实＊果实球形或倒卵圆形，黄褐色。

花果期＊花期5～6月，果期9～10月。

园内分布＊分布于20区（科普园）。

栾树

Koelreuteria paniculata

无患子科　栾树属

外观＊落叶乔木，高可达25米，树皮厚，灰褐色至灰黑色，老时纵裂，具小皮孔。

枝条＊小枝具疣点。

叶＊叶丛生于当年生枝上，一回或不完全的二回羽状复叶；小叶纸质，7～18片，卵形、阔卵形，边缘有不规则的钝锯齿，叶背在脉腋具髯毛。

花序＊大型聚伞圆锥花序顶生，分枝多，密被微柔毛。

花＊花杂性同株或异株；萼裂片卵形；花淡黄色，花瓣4，开花时向外反折，瓣片基部的鳞片初时黄色，开花时橙红色；雄蕊8枚，在雌花中较短。

果实＊蒴果圆锥形，具3棱。

花果期＊花期5～6月，果期6～9月。

园内分布＊分布于11、20、23、26区。

144

倒地铃
Cardiospermum halicacabum

无患子科　倒地铃属

外观＊草质攀援藤本。

根茎＊茎、枝绿色，具棱，棱上被皱曲柔毛。

叶＊二回三出复叶；小叶近无柄，顶生小叶近菱形，侧生小叶卵形或长椭圆形，边缘有疏锯齿或羽状分裂。

花序＊圆锥花序少花，与叶近等长或稍长，花序梗第一对分枝变态为螺旋状卷须，小花梗细长、具关节。

花＊花单性，雌雄同株或异株；萼片4，分内外两层，花瓣乳白色；雄蕊与花瓣近等长或稍长。

果实＊蒴果，陀螺状倒三角形，被短柔毛。

花果期＊花期8~9月，果期9~10月。

园内分布＊分布于31区。

145

文冠果
Xanthoceras sorbifolium

无患子科 文冠果属

外观＊落叶乔木，高可达6米。

枝条＊小枝粗壮，褐红色，无毛。

叶＊奇数羽状复叶互生；小叶9～19，无柄，披针形或近卵形，边缘有锐利锯齿。

花序＊两性花的花序顶生，雄花序腋生，直立，花序梗短，先叶抽出或与叶同时抽出。

花＊花杂性同株；萼片两面被灰色绒毛；花瓣白色，基部初为黄色后变红色，有清晰的脉纹；雄蕊8，短于花瓣；花柱短。

果实＊大蒴果椭球形，木质，成熟后3裂。

花果期＊花4～5月，果期7～8月。

园内分布＊分布于27区。

枣

Ziziphus jujuba

鼠李科　枣属

外观＊落叶小乔木，高可达10米，树皮褐色或灰褐色。

枝条＊具长枝、短枝和无芽小枝；无芽小枝光滑，呈之字形曲折；短枝短粗，矩状，自老枝发出。

叶＊单叶互生；托叶刺状，长刺粗直，短刺下弯；叶卵形，卵状椭圆形，边缘具圆齿状锯齿，表面深绿色，背面浅绿色，仅叶背略具毛，基生三出脉。

花序＊花单生或2～8个密集成腋生聚伞花序。

花＊花两性；萼片卵状三角形；花黄绿色，花瓣5，与雄蕊等长。

果实＊核果大，矩圆形或长卵圆形，成熟时红色，后变红紫色。

花果期＊花期5～6月，果期9月。

园内分布＊分布于15区。

园内常见栽培变种：

○龙爪枣 'Tortuosa'

小枝常扭曲上伸，无刺，果柄长，核果较小。

园内分布＊分布于26区。

187

147

葡萄
Vitis vinifera

葡萄科　葡萄属

外观＊木质落叶藤本。

枝条＊小枝圆柱形，有纵棱纹，疏被柔毛。卷须2叉分枝，每隔2节间断与叶对生。

叶＊叶卵圆形，3～5裂，边缘具粗锯齿，不整齐，疏被柔毛；叶柄无毛。

花序＊圆锥花序密集或疏散，多花，与叶对生；花序梗疏生蛛丝状绒毛。

花＊花小，黄绿色，两性或杂性异株；萼浅碟形；花瓣5，呈帽状黏合脱落；雄蕊5，花药黄色，在雌花内短而败育或完全退化；雌蕊1。

果实＊浆果球形或椭圆形，成熟时紫红色或黄白色，被白粉。

花果期＊花期6月，果期8～9月。

园内分布＊分布于25区。

188

148

乌头叶蛇葡萄

Ampelopsis aconitifolia

葡萄科　蛇葡萄属

外观＊木质落叶藤本。

枝条＊小枝圆柱形，有纵棱纹，被疏柔毛。卷须2～3又分枝，相隔2节间断与叶对生。

叶＊叶为掌状5小叶；托叶膜质；叶柄疏被柔毛；小叶3～5羽裂，披针形或菱状披针形，中央小叶深裂，或有时外侧小叶浅裂或不裂，两面无毛或疏生柔毛。

花序＊疏散的伞房状复二歧聚伞花序，与叶对生或假顶生；花序梗疏被柔毛，小花梗几无毛。

花＊萼碟形；花瓣5；雄蕊5，花药卵圆形；花柱钻形，柱头扩大不明显。

果实＊浆果近球形。

花果期＊花期5～6月，果期8～9月。

园内分布＊分布于13区。

五叶地锦

Parthenocissus quinquefolia

葡萄科　地锦属

外观＊木质落叶藤本。

枝条＊小枝圆柱形，无毛；卷须总状5~9分枝，相隔2节间断与叶对生，卷须顶端嫩时尖细卷曲，后遇附着物扩大成吸盘。

叶＊掌状复叶互生，小叶5；叶柄无毛；小叶倒卵圆形、倒卵椭圆形，边缘有粗锯齿，叶两面均无毛或叶背脉上微被疏柔毛。

花序＊圆锥状多歧聚伞花序，假顶生，主轴明显；花序梗及小花梗无毛。

花＊萼碟形，全缘；花瓣5；雄蕊5，花药长椭圆形。

果实＊浆果球形，蓝紫色。

花果期＊花期6~7月，果期9月。

园内分布＊分布于32区。

150

地锦

别名：爬山虎

Parthenocissus tricuspidata

葡萄科　地锦属

外观＊木质落叶藤本。

枝条＊小枝圆柱形，被疏柔毛；卷须5～9分枝，相隔2节间断与叶对生，卷须顶端嫩时膨大呈圆珠形，后遇附着物扩大成吸盘。

叶＊单叶互生；叶柄无毛或疏生短柔毛；叶片倒卵圆形，3浅裂，叶背中脉疏生短柔毛，幼叶及下部枝叶常为3全裂或复叶。

花序＊多歧聚伞花序着生在短枝上，主轴不明显；花序梗几无毛，小花梗无毛。

花＊萼碟形，边缘全缘或呈波状；花瓣5；雄蕊5，花药长椭圆卵形。

果实＊小浆果球形，蓝黑色。

花果期＊花期6～7月，果期7～8月。

园内分布＊分布于19区。

151

蒙椴
别名：小叶椴

Tilia mongolica

椴树科　椴树属

外观＊落叶乔木，高可达10米；树皮淡灰色，有不规则薄片状脱落。

枝条＊嫩枝无毛，小枝光滑，带红色。

叶＊单叶互生；阔卵形或圆形，长4～6厘米，常出现3裂，仅下面脉腋内有毛丛，边缘有粗锯齿；叶柄纤细，无毛。

花序＊聚伞花序，有花6～12朵；花序柄无毛，花柄纤细。

花＊苞片窄长圆形，下半部与花序柄合生；萼片近无毛；花瓣黄色；退化雄蕊花瓣状，稍窄小，雄蕊与萼片等长。

果实＊果实倒卵形，被毛。

花果期＊花期7月，果期9月。

园内分布＊分布于20区（科普园）。

152

辽椴

别名：大叶椴、糠椴

Tilia mandshurica

椴树科　椴树属

外观＊落叶乔木，高可达20米；树皮暗灰色。

枝条＊嫩枝被灰白色星状茸毛。

叶＊单叶互生；卵圆形，长8～10厘米，基部斜心形或截形，叶背密被灰色星状茸毛，边缘有三角形锯齿；叶柄圆柱形，较粗大，初时有茸毛，很快变秃净。

花序＊聚伞花序，有花6～12朵；花序柄及小花梗具毛。

花＊苞片窄长圆形或窄倒披针形，与花序柄合生；萼片具毛；花瓣黄色；退化雄蕊花瓣状，稍短小，雄蕊与萼片等长。

果实＊果实球形，被褐色绒毛。

花果期＊花期6～7月，果期8～9月。

园内分布＊分布于20区（科普园）。

153

蜀葵
Althaea rosea

锦葵科 蜀葵属

外观＊二年生直立草本，高可达2米。

根茎＊茎枝密被刺毛。

叶＊叶互生；近圆心形，掌状5～7浅裂或波状棱角，粗糙，叶两面被星状毛；叶柄被星状长硬毛；托叶卵形，先端具3尖。

花序＊花单生，或近簇生于叶腋，排列成总状花序；花梗被星状长硬毛。

花＊小苞片杯状，常6～7裂，密被星状粗硬毛；萼钟状，5齿裂，密被星状粗硬毛；花大，有红、紫、白、粉红等色，单瓣或重瓣，花瓣先端凹缺；花丝纤细，花药黄色；花柱分枝多数。

果实＊蒴果盘状，分果爿近圆形。

花果期＊花期7～8月，果期8～9月。

园内分布＊分布于16区。

154

苘麻

Abutilon theophrasti

锦葵科　苘麻属

外观＊一年生草本，高1～2米。

根茎＊茎枝被柔毛。

叶＊叶互生；圆心形，边缘具细圆锯齿，两面均密被星状柔毛；叶柄被星状细柔毛。

花序＊花单生于叶腋，花梗被柔毛。

花＊花萼杯状，密被短绒毛，5裂；花黄色；雄蕊柱平滑无毛；心皮多数，排列成轮状，密被软毛。

果实＊蒴果半球形，分果爿多数，被粗毛，顶端具长芒2。

花果期＊花期6～8月，果期8～9月。

园内分布＊分布于13、15区。

155

粉紫重瓣木槿

Hibiscus syriacus f. *amplissimus*

锦葵科　木槿属

外观＊落叶灌木，高3～4米。

枝条＊小枝密被黄色星状绒毛，后变光滑。

叶＊单叶互生；菱形至三角状卵形，具深浅不同的3裂或不裂，边缘具不整齐齿缺，叶背沿叶脉微被毛；叶柄被星状柔毛；托叶线形。

花序＊花单生于枝端叶腋间，花梗被星状短绒毛，单花花期仅一天。

花＊小苞片线形，密被星状疏绒毛；花萼钟形，密被星状短绒毛，5裂；花粉紫色，花瓣内面基部洋红色，重瓣。

果实＊蒴果卵圆形，密被黄色星状绒毛。

花果期＊7～9月。

园内分布＊分布于20（科普园）、23、25区。

156

梧桐

别名：青桐

Firmiana platanifolia

梧桐科 梧桐属

外观＊落叶乔木，高可达16米，树皮青绿色。

枝条＊小枝疏生柔毛。

叶＊单叶互生；叶柄与叶片等长；叶心形，掌状3～5裂，裂片全缘，两面均无毛或略被短柔毛。

花序＊圆锥花序顶生。

花＊花单性同株；花淡黄绿色；萼5深裂几至基部，向外卷曲，外面被淡黄色短柔毛；无花瓣。

果实＊蓇葖果，成熟前开裂成叶状，外面被短茸毛，每蓇葖果有种子2～4个。

花果期＊花期6～7月，果期10月。

园内分布＊分布于20（科普园）、23、26区。

157

早开堇菜

Viola prionantha

堇菜科 堇菜属

外观＊多年生草本，无地上茎。

根茎＊根数条，带灰白色，粗而长。根状茎短而较粗壮，上端常有去年残叶围绕。

叶＊叶多数，基生；在花期呈长圆状卵形、卵状披针形，边缘密生细圆齿，两面无毛；果期叶片显著增大，三角状卵形；叶柄果期增长；托叶膜质，与叶柄合生。

花序＊单花基生；花梗在花期长于叶。

花＊花大，紫堇色或淡紫色，喉部色淡并有紫色条纹，略具毛，花冠两侧对称；花瓣5，下方一枚基部延伸成距，距内藏蜜腺，用来吸引传粉者。

果实＊蒴果长椭圆形，成熟时3瓣裂。

花果期＊4～8月。

园内分布＊全园广泛分布。

158

紫花地丁

Viola philippica

董菜科　董菜属

外观＊多年生草本。

根茎＊根状茎短，垂直，有数条淡褐色或近白色的细根。无地上茎。

叶＊叶基生，莲座状；叶片呈长圆形、狭卵状披针形，边缘具较平的圆齿，果期叶片增大；叶柄具翅；膜质托叶，与叶柄合生。

花序＊单花基生；花梗细弱，略具毛与叶片近等长。

花＊花中等大，紫堇色，喉部色较淡并带有紫色条纹，花冠两侧对称。花瓣5，下方一枚基部延伸成距，距内藏蜜腺，用来吸引传粉者。

果实＊蒴果长圆形，成熟时3瓣裂。

花果期＊4月中下旬至9月。

园内分布＊全园广泛分布。

159

紫薇

别名：痒痒树、百日红

Lagerstroemia indica

千屈菜科　紫薇属

外观＊落叶灌木，高2～3米，树皮平滑，灰色或灰褐色。

枝条＊枝干多扭曲，小枝纤细，具4棱，略成翅状。

叶＊叶互生或对生；椭圆形、阔矩圆形或倒卵形，全缘，叶背沿中脉略具柔毛；近无柄。

花序＊圆锥花序顶生；短花梗被柔毛。

花＊花萼两面无毛；花淡红色或紫色，花瓣6，皱缩，具长爪，雄蕊多数，外面6枚着生于花萼上；花柱长，柱头头状。

果实＊蒴果近球形，6瓣裂。

花果期＊花期7～9月，果期9～10月。

园内分布＊分布于23、25、27区。

160

田葛缕子
Carum buriaticum

伞形科　葛缕子属

外观＊多年生草本，高50～70厘米。

根茎＊根圆柱形；茎通常单生，稀丛生，基部有叶鞘纤维残留物，自茎中、下部以上分枝。

叶＊基生叶及茎下部叶有柄，叶片轮廓长圆状卵形或披针形，3～4回羽状分裂，末回裂片线形；茎上部叶通常2回羽状分裂，末回裂片细线形。

花序＊小伞形花序有花多数。

花＊花白色；花瓣先端具内折小舌片。

果实＊双悬果椭圆形。

花果期＊5～10月。

园内分布＊分布于13、20、32区。

161

红瑞木

Swida alba

山茱萸科　梾木属

外观＊落叶灌木，高1~2米。

枝条＊枝红色，无毛，散生灰白色圆形皮孔。

叶＊叶对生，纸质，椭圆形，边缘全缘或波状反卷，两面被白色贴生短柔毛，有时脉腋有浅褐色髯毛。

花序＊伞房状聚伞花序顶生，较密，被白色短柔毛；总花梗圆柱形。

花＊花小，白色或淡黄白色；花萼4裂，外侧疏生短柔毛；花瓣4；雄蕊4，花药淡黄色；花柱圆柱形，柱头盘状。

果实＊核果长圆形，微扁，成熟时乳白色或蓝白色。

花果期＊花期5~6月，果期8~10月。

园内分布＊分布于21、23区。

162

毛梾

别名：车梁木

Swida walteri

山茱萸科　梾木属

外观＊落叶乔木，高6~15米，树皮厚，黑褐色，裂成块状。

枝条＊幼枝绿色，密被贴生灰白色短柔毛；老枝黄绿色，无毛。

叶＊单叶对生；椭圆形、长圆椭圆形或阔卵形，两面贴生短柔毛；叶柄上面平坦，下面圆形。

花序＊伞房状聚伞花序顶生，花密，被灰白色短柔毛；小花梗细圆柱形，有稀疏短柔毛

花＊花萼4裂；花白色，有香味，花瓣4；雄蕊4，花药淡黄色；花柱棍棒形，柱头小，头状。

果实＊核果球形，成熟时黑色，近于无毛。

花果期＊花期5月，果期9月。

园内分布＊分布于20（科普园）、27区。

163

山茱萸
Cornus officinalis

山茱萸科　山茱萸属

外观＊落叶乔木或灌木，高2～4米，树皮灰褐色，薄片剥裂。

枝条＊小枝细圆柱形，无毛或稀被贴生短柔毛。

叶＊叶对生；纸质，卵状椭圆形，全缘，下面脉腋密生淡褐色丛毛，侧脉弓形内弯；叶柄具浅沟，稍被贴生疏柔毛。

花序＊伞形花序生于枝侧，先叶开放；花序梗短而粗壮，小花梗纤细。

花＊花萼4裂，无毛；花黄色，花瓣4；雄蕊4，与花瓣互生，花丝钻形；花柱圆柱形，柱头截形。

果实＊核果长椭圆形，红色。

花果期＊花期3～4月，果期9～10月。

园内分布＊分布于20区（科普园）。

164

点地梅
Androsace umbellata

报春花科　点地梅属

外观＊一年生草本，高5～15厘米。

根茎＊主根不明显，具多数须根。

叶＊叶全部基生；叶柄被开展的柔毛；叶片近圆形或卵圆形，边缘具三角状钝牙齿，两面均被贴伏的短柔毛。

花序＊伞形花序；花葶通常数枚自叶丛中抽出，被白色短柔毛，果期增长，被柔毛。

花＊花萼杯状，5深裂几达基部，密被短柔毛；花冠白色，5裂，喉部黄色；花柱短，不伸出冠筒。

果实＊蒴果近球形，果皮白色，近膜质。

花果期＊花期4～5月，果期6～7月。

园内分布＊分布于13、15、20、32区。

165

君迁子

别名：黑枣

Diospyros lotus

柿科　柿属

外观＊落叶乔木，高可达15米，树皮灰黑色，厚块状剥落。

枝条＊小枝褐色或棕色，有纵裂的皮孔。

叶＊单叶互生；近膜质，椭圆形至长椭圆形，全缘，叶背具柔毛，且在叶脉上较多；叶柄有时有短柔毛，具沟。

花序＊花单性，雌雄异株；雄花1～3朵簇生于叶腋；雌花单生。

花＊雄花花萼钟形，4裂；花冠红色或淡黄色，长于花萼；雄蕊多数。雌花花萼4深裂；花冠淡黄色，短于花萼；退化雄蕊8枚；花柱4。

果实＊浆果近球形或椭圆形，成熟后蓝黑色，常被有白色薄蜡层。

花果期＊花期4～5月，果期9～10月。

园内分布＊分布于13、27区。

166

柿

Diospyros kaki

柿科　柿属

外观＊落叶大乔木，高可达15米，树皮深灰色至灰黑色，裂成长方块状。

枝条＊枝开展，带绿色至褐色，无毛，散生皮孔。

叶＊单叶互生，卵状椭圆形至倒卵形，全缘；叶柄上面有浅槽。

花序＊雌雄异株，腋生；雄花成聚伞花序，有花3~5朵；雌花单生。

花＊雄花花萼钟状，4深裂；花冠黄白色，长过花萼；雄蕊多数。雌花花萼钟状，4深裂；花冠淡黄白色，短于花萼；退化雄蕊8枚；花柱4深裂，柱头2浅裂。

果实＊浆果，卵球形或扁球形，橙黄或橙红色。

花果期＊花期5~6月，果期9~10月。

园内分布＊分布于19、20、21、23区。

167

流苏树
Chionanthus retusus

木犀科　流苏树属

外观＊落叶灌木，高可达6米。

枝条＊小枝灰褐色或黑灰色，开展；大枝纸状剥裂。

叶＊单叶对生；革质，长椭圆形、卵形或倒卵形，全缘或偶有小锯齿，叶背沿脉密被长柔毛；叶柄密被黄色卷曲柔毛。

花序＊聚伞状圆锥花序，顶生，近无毛。

花＊单性雌雄异株或为两性花；花萼4深裂；花冠白色，4深裂，裂片线状倒披针形；雄蕊藏于管内或稍伸出，花药长卵形；柱头球形，稍2裂。

果实＊核果椭圆形，被白粉，呈蓝黑色或黑色。

花果期＊花期6～7月，果期9～10月。

园内分布＊分布于20区（科普园）。

168

雪柳
Fontanesia fortunei

木犀科　雪柳属

外观＊落叶灌木或小乔木，树皮灰褐色。

根茎＊枝灰白色，圆柱形，小枝淡黄色或淡绿色，四棱形或具棱角，无毛。

叶＊叶片纸质，披针形、卵状披针形或狭卵形，全缘，两面无毛；叶柄具沟，光滑无毛。

花序＊圆锥花序顶生或腋生，腋生花序较短；花梗无毛。

花＊花两性或杂性同株；花萼微小，深裂；花冠深裂至近基部，裂片卵状披针形，基部合生；雄蕊花丝伸出或不伸出花冠外；柱头2叉。

果实＊翅果黄棕色，倒卵形至倒卵状椭圆形，扁平。

花果期＊花期5~6月，果期8~9月。

园内分布＊分布于20（科普园）、27区。

小叶梣

别名：小叶白蜡

Fraxinus bungeana

木犀科　梣属

外观＊落叶小乔木或灌木，高2～5米，树皮暗灰色，浅裂。

枝条＊二年生枝灰白色，略具疏毛，细小皮孔。

叶＊奇数羽状复叶对生；小叶5～7枚，硬纸质，阔卵形，菱形至卵状披针形；叶缘具深锯齿至缺裂状；叶柄基部增厚，叶轴具窄沟；小叶柄短被柔毛。

花序＊圆锥花序顶生或腋生枝梢，疏被绒毛。

花＊花两性、单性或杂性；雄花花冠白色至淡黄色，裂片线形，雄蕊与裂片近等长；两性花花萼较大，雄蕊明显短，雌蕊具短花柱，柱头2浅裂。

果实＊翅果匙状长圆形，上中部最宽，翅下延至坚果中下部。

花果期＊花期5月，果期9月。

园内分布＊分布于20区。

170

湖北梣

别名：对节白蜡，湖北白蜡

Fraxinus hupehensis

木犀科　梣属

外观＊落叶大乔木，高可达19米；树皮深灰色，老时纵裂。

枝条＊营养枝常呈棘刺状；小枝挺直，被细绒毛或无毛。

叶＊奇数羽状复叶对生；叶柄基部不增厚，小叶柄被细柔毛；叶轴具狭翅；小叶7～11枚，革质，披针形至卵状披针形，叶缘具锐锯齿，表面无毛，叶背沿中脉基部被短柔毛。

花序＊密集簇生于二年生枝上，呈甚短的聚伞圆锥花序。

花＊花杂性；花白色至淡黄色；两性花花萼钟状，雄蕊2；雌蕊具长花柱，柱头2裂。

果实＊翅果匙形，翅下延至坚果中部，中上部最宽。

花果期＊花期5月，果期9月。

园内分布＊分布于20区（科普园）。

花曲柳

别名：大叶白蜡，大叶梣

Fraxinus rhynchophylla

木犀科　梣属

外观＊落叶乔木，高12～15米，树皮灰褐色，光滑，老时浅裂。

枝条＊当年生枝淡黄色，无毛；二年生枝暗褐色，散生皮孔。

叶＊奇数羽状复叶对生；叶柄基部膨大，叶轴具浅沟，小叶柄具深槽，小叶关节上簇生棕色柔毛；小叶5～7枚，革质，阔卵形或倒卵形，顶生小叶显著大于侧生小叶，叶缘呈不规则粗锯齿。

花序＊圆锥花序顶生或腋生于当年生枝梢。

花＊雄花与两性花异株。雄花花萼浅杯状，无花冠。两性花具雄蕊2枚，花药椭圆形；花柱短，柱头2叉深裂。雄花花萼小。

果实＊翅果线形，翅下延至坚果中部。

花果期＊花期5月，果期8～9月。

园内分布＊分布于7、17、26区。

172

水曲柳
Fraxinus mandschurica

木犀科　梣属

外观＊落叶大乔木，高可达30米；树皮灰褐色，纵裂。

枝条＊小枝粗壮，黄褐色至灰褐色，四棱形，节膨大，光滑无毛，散生皮孔。

叶＊奇数羽状复叶对生；叶柄基部膨大，叶轴上面具平坦的阔沟，小叶关节簇生黄褐色柔毛；小叶7～13枚，纸质，长圆形至卵状长圆形，叶缘具细锯齿；小叶近无柄。

花序＊圆锥花序生于二年生枝上，先叶开放。

花＊雄花与两性花异株；均无花冠也无花萼；雄花序紧密，雄蕊2；两性花序稍松散，两侧常着生2枚甚小的雄蕊。

果实＊翅果大而扁，中部最宽，翅下延至坚果基部。

花果期＊花期4月，果期8～9月。

园内分布＊分布于20区（科普园）。

213

173

美国红梣

别名：洋白蜡

Fraxinus pennsylvanica

木犀科　梣属

外观＊落叶乔木，高可达20米；树皮灰色，粗糙，皱裂。

根茎＊小枝红棕色，圆柱形；老枝红褐色，光滑无毛。

叶＊奇数羽状复叶对生；叶柄基部几不膨大；叶轴密被灰黄色柔毛；小叶7～9枚，薄革质，长圆状披针形、狭卵形，叶缘具不明显钝锯齿或近全缘；小叶无柄或下方1对小叶具短柄。

花序＊圆锥花序生于去年生枝上，与叶同时开放；花梗被短柔毛。

花＊雄花与两性花异株；雄花花萼小，萼齿不规则深裂，花丝短；两性花花萼较宽，柱头2裂。

果实＊翅果狭倒披针形，上中部最宽，翅下延近坚果中部。

花果期＊花期4～5月，果期8～9月。

园内分布＊分布于27区。

连翘
Forsythia suspensa

木犀科　连翘属

外观＊落叶灌木，高可达3米。

枝条＊枝开展或下垂成拱形，棕色或淡黄褐色；小枝疏生皮孔，节间中空，节部具片状髓。

叶＊单叶或三出复叶，对生；卵形、宽卵形至椭圆形，叶缘除基部外具锐锯齿或粗锯齿，两面无毛；叶柄无毛。

花序＊单生或数朵着生于叶腋，先于叶开放，花梗短。

花＊花萼深4裂，裂片与花冠管近等长；花冠黄色，4裂；雄蕊2；雌蕊有长柱花和短柱花之分，柱头2裂。

果实＊蒴果卵球形、卵状椭圆形或长椭圆形，成熟后2裂。

花果期＊花期3～4月，果期5～6月。

园内分布＊分布于20、23、27区。

园内常见栽培变种：

○金叶连翘 'Aurea'
叶片金黄色。
园内分布 ✱ 分布于27区。

175

迎春花
Jasminum nudiflorum

木犀科　素馨属

外观＊落叶灌木，高2～3米。

根茎＊枝条下垂，枝稍扭曲，光滑无毛，小枝四棱形，棱上多少具狭翼。

叶＊三出复叶对生，小枝基部常具单叶；叶柄无毛，叶轴具狭翼；小叶片卵形、长卵形或椭圆形，叶缘反卷，顶生小叶片较大，无柄或基部延伸成短柄，侧生小叶片无柄；单叶为卵形或椭圆形。

花序＊花单生于二年生小枝的叶腋，稀生于小枝顶端，先叶开放。

花＊花萼绿色，裂片5～6枚，窄披针形；花冠黄色，向上渐扩大，裂片5～6枚，长圆形或椭圆形。

果实＊极少结果。

花期＊3～4月。

园内分布＊分布于20、23、27区。

176

紫丁香
Syringa oblata

木犀科　丁香属

外观＊落叶灌木，树皮灰褐色或灰色。

枝条＊小枝较粗，疏生皮孔。

叶＊叶片卵圆形至肾形，宽常大于长，全缘。

花序＊圆锥花序直立，侧芽抽生，近球形或长圆形。

花＊花冠紫色，花冠管圆柱形，裂片呈直角开展；花药着生于花冠筒中上部。

果实＊蒴果倒卵状椭圆形、卵形至长椭圆形，光滑。

花果期＊花期4月，果期7～8月。

园内分布＊分布于2区。

园内常见变种：

○白丁香 *var. alba*

花白色；叶片较小，基部通常为截形、圆楔形至近圆形，或近心形。花期4～5月。

园内分布：分布于2、19、27区。

177

暴马丁香
Syringa reticulata var. *amurensis*

木犀科　丁香属

外观 * 落叶小乔木或大乔木，高4～10米，树皮紫灰褐色，具细裂纹。

枝条 * 当年生枝绿色或略带紫晕，疏生皮孔；二年生枝棕褐色，光亮，具较密皮孔。

叶 * 单叶对生；叶柄无毛；叶片宽卵形、卵形至椭圆状卵形，或为长圆状披针形，全缘。

花序 * 圆锥花序由1到多对着生于同一枝条上的侧芽抽生，花序梗、小花梗无毛，花序梗具皮孔，几无小花梗。

花 * 花冠白色，4裂；雄蕊伸出，雄蕊长可达花冠裂片的2倍。

果实 * 蒴果长椭圆形，光滑或具细小皮孔。

花果期 * 花期6月，果期8～9月。

园内分布 * 分布于20（科普园）、25区。

222

178

小叶女贞
Ligustrum quihoui

木犀科　女贞属

外观＊落叶或半常绿灌木，高2～3米。

枝条＊小枝淡棕色，圆柱形。

叶＊单叶对生；薄革质，形状和大小变异较大，长圆状椭圆形至倒披针形，叶缘反卷，常具腺点，两面无毛；叶柄略具柔毛。

花序＊圆锥花序狭窄，顶生，近圆柱形；花近无梗。

花＊花萼无毛；花冠与花冠管近等长；雄蕊伸出裂片外，花丝与花冠裂片近等长或稍长；柱头肥厚，2浅裂。

果实＊核果宽椭圆形或近球形，呈紫黑色。

花果期＊花期8～9月，果期10月。

园内分布＊分布于20区。

179

金叶女贞
Ligustrum × vicaryi

木犀科　女贞属

外观＊落叶或半常绿灌木。
枝条＊小枝无毛或近无毛。
叶＊单叶对生；叶卵状椭圆形，嫩叶黄色，后渐变为黄绿色。
花序＊总状花序。
花＊花白色，芳香。
果实＊核果紫黑色。
花果期＊花期6～7月。
园内分布＊分布于20区（科普园）。
金边卵叶女贞与欧洲女贞的杂交种。

180

女贞
Ligustrum lucidum

木犀科　女贞属

外观＊常绿小乔木或灌木，高8～10米，树皮灰褐色。

枝条＊枝黄褐色、灰色或紫红色，圆柱形，疏生皮孔。

叶＊单叶对生；革质，卵形、长卵形或椭圆形至宽椭圆形，叶缘平坦，上面光亮，两面无毛；叶柄上面具沟，无毛。

花序＊圆锥花序顶生；花序轴及分枝轴无毛，花近无梗。

花＊花萼无毛，齿不明显或近截形；花小，白色，花冠长于花冠管，盛开时反折；花丝长于花药；花柱短，柱头棒状。

果实＊核果肾形或近肾形，深蓝黑色被白粉。

花果期＊花期7～8月，果期9～10月。

园内分布＊分布于20、35区。

罗布麻

Apocynum venetum

夹竹桃科　罗布麻属

外观＊多年生草本，株高1米左右；具乳汁。

枝条＊枝条圆筒形，光滑无毛，紫红色或淡红色。

叶＊叶对生，在分枝处为近对生；叶柄间具腺体，老时脱落；叶片椭圆状披针形至卵圆状长圆形，叶缘具细牙齿，两面无毛。

花序＊圆锥状聚伞花序一至多歧，顶生或腋生；花序梗被短柔毛。

花＊花萼5深裂，两面被短柔毛；花紫红色或粉红色，花冠5裂，与花冠筒几乎等长；雄蕊着生在花冠筒基部；花柱短，柱头2裂。

果实＊蓇葖果2个，长角状，平行或叉生，下垂。

花果期＊花期6~7月，果期7~8月。

园内分布＊分布于19区。

226

182

鹅绒藤

Cynanchum chinense

萝藦科　鹅绒藤属

外观＊多年生缠绕草本。

根茎＊主根圆柱状，干后灰黄色；全株被短柔毛。

叶＊叶对生；具叶柄；叶宽三角状心形，全缘，两面均被短柔毛，脉上较密。

花序＊伞形二歧聚伞花序腋生，着花多数。

花＊花萼外面被柔毛；花冠白色，裂片长圆状披针形，无毛，副花冠二形，分为两轮，外轮约与花冠裂片等长，内轮略短；雄蕊5，与雌蕊粘生成中心柱，称合蕊柱；柱头2裂。

果实＊蓇葖双生或仅有1个发育，细圆柱状，向端部渐尖。

花果期＊花期6～8月，果期8～10月。

园内分布＊分布于13、15、20区。

白首乌
Cynanchum bungei

萝藦科　鹅绒藤属

外观＊多年生缠绕草本。

根茎＊块根粗壮；茎纤细而韧，被微毛。

叶＊叶对生；戟形，全缘，两面被粗硬毛，上面较密。

花序＊伞形聚伞花序腋生，比叶稍短。

花＊花萼裂片披针形；花冠白色，裂片长圆形，副花冠5深裂，裂片呈披针形，内面中间有舌状片。

果实＊蓇葖单生或双生，披针形，无毛。

花果期＊花期6～7月，果期7～9月。

园内分布＊分布于13区。

184

雀瓢

Cynanchum thesioides var. *australe*

萝藦科 鹅绒藤属

外观 * 多年生半直立草本。

根茎 * 茎柔弱，分枝较少，茎端通常伸长而缠绕。

叶 * 对生或近对生；叶柄极短；叶线形或线状长圆形。

花序 * 伞形聚伞花序腋生。

花 * 花较原种地梢瓜（*Cynanchum thesioides*）小而多；花萼外面被柔毛；花冠绿白色，副花冠杯状，裂片三角状披针形，渐尖。

果实 * 蓇葖果纺锤形，中部膨大。

花果期 * 花期6～8月，果期8～10月。

园内分布 * 分布于6、13、15、32区。

185

萝藦
Metaplexis japonica
萝藦科　萝藦属

外观＊多年生草质藤本，具乳汁。

根茎＊茎圆柱状，下部木质化，上部较柔韧，表面有纵条纹。

叶＊单叶对生；膜质，卵状心形，两面无毛；叶柄顶端具腺体。

花序＊总状式聚伞花序腋生或腋外生，着花数朵；总花梗、小花梗被短柔毛。

花＊花萼裂片外面被微毛；花冠白色，有淡紫红色斑纹，花冠筒短，花冠裂片顶端反折，内面被柔毛；雄蕊连生成圆锥状，包围雌蕊；柱头延伸成1长喙，顶端2裂。

果实＊蓇葖果纺锤形，平滑无毛，具突起。

花果期＊花期6~8月，果期7~9月。

园内分布＊分布于13、24区。

186

打碗花

Calystegia hederacea

旋花科 打碗花属

外观＊一年生草质藤本，全株无毛。

根茎＊具细长白色的根。常自基部分枝，茎细，平卧，有细棱。

叶＊单叶互生；叶柄长度变化较大；基部叶片长圆形，基部戟形；上部叶片3裂，中裂片长圆形或长圆状披针形，侧裂片近三角形，全缘或2～3裂。

花序＊单花腋生；花梗长于叶柄，有细棱。

花＊苞片较大，紧贴花萼基部；萼片长圆形；花冠淡紫色或淡红色，钟状；雄蕊近等长，花丝基部贴生花冠管基部；柱头2裂。

果实＊蒴果卵球形。

花果期＊花期6～9月，果期8～10月。

园内分布＊分布于13、15、20、32区。

187

藤长苗
Calystegia pellita

旋花科　打碗花属

外观＊多年生草本。

根茎＊根细长。茎缠绕或下部直立，圆柱形，有细棱，密被灰白色或黄褐色长柔毛。

叶＊单叶互生，长圆形或长圆状线形，全缘，两面被柔毛，通常背面沿中脉密被长柔毛；叶柄被毛同茎。

花序＊花腋生，单一，花梗短于叶，密被柔毛。

花＊萼片长圆状卵形，上部具黄褐色缘毛；花冠淡红色，漏斗状；雄蕊花丝被小鳞毛；柱头2裂，裂片长圆形，扁平。

果实＊蒴果近球形。

花果期＊花期6～8月，果期8～9月。

园内分布＊分布于13区。

188

田旋花
Convolvulus arvensis

旋花科　旋花属

外观＊多年生草本。

根茎＊根状茎横走；茎平卧或缠绕，有条纹及棱角，上部略具疏柔毛。

叶＊单叶互生；卵状长圆形至披针形，基部大多戟形，全缘或3裂；叶柄较叶片短。

花序＊花序腋生，1或有时2~3至多花。

花＊苞片2，远离花萼而生；萼片有毛，内外两轮排列；花冠宽漏斗形，白色或粉红色，5浅裂；雄蕊5，短于花冠；雌蕊长于雄蕊，柱头2，线形。

果实＊蒴果卵状球形或圆锥形。

花果期＊花期6~8月，果期7~9月。

园内分布＊分布于13、15、20、32区。

189

牵牛

别名: 喇叭花

Pharbitis nil

旋花科 牵牛属

外观＊一年生缠绕草本。

根茎＊茎细长，分枝，被倒向的短柔毛。

叶＊单叶互生；宽卵形或近圆形，深或浅的3裂，偶5裂，叶片被柔毛。

花序＊花腋生，单一或通常2朵着生于花序梗顶，花序梗通常短于叶柄，被毛同茎。

花＊萼片近等长，外面被开展的刚毛；花冠漏斗状，蓝紫色或紫红色，花冠管色淡；雄蕊及花柱内藏。

果实＊蒴果近球形。

花果期＊花期6～9月，果期8～10月。

园内分布＊分布于13区。

190

圆叶牵牛

Pharbitis purpurea

旋花科　牵牛属

外观＊一年生缠绕草本。

根茎＊茎缠绕，被倒向短柔毛和稍开展硬毛。

叶＊单叶互生；圆心形或宽卵状心形，通常全缘，偶有3裂，两面疏或密被刚伏毛；叶柄被毛与茎同。

花序＊花腋生，单一或2～5朵着生于花序梗顶端成伞形聚伞花序，花序梗和叶柄近等长，被毛与茎相同。

花＊萼片近等长，内外两轮排列，外面均被开展的硬毛；花冠漏斗状，紫红色、红色或白色，花冠管外面色淡；雄蕊与花柱内藏。

果实＊蒴果近球形，3瓣裂。

花果期＊花期6～9月，果期9～10月。

园内分布＊分布于13、23区。

235

191

裂叶牵牛

Pharbitis hederacea

旋花科　牵牛属

外观＊一年生草本，具刺毛。

根茎＊茎细长，分枝，缠绕。

叶＊心状卵形，通常3裂，稀5裂，中裂片基部向内凹陷；叶柄长于花柄。

花序＊花腋生，通常1~3朵着生于花序梗顶；花序梗被长柔毛。

花＊萼片5，披针形，先端向外反曲，3枚较宽，基部密被柔毛；花冠天蓝色或淡紫色，漏斗状，花冠筒白色；雄蕊和花柱内藏；柱头头状。

果实＊蒴果球形，无毛。

花果期＊花期6~9月，果期8~10月。

园内分布＊分布于13、23区。

注：《中国植物志》已将本种和牵牛（*Pharbitis nil*）合并，但本种叶中裂片基部向内凹陷、萼片先端向外反曲，以上两点与牵牛容易区分，兹仍从《北京植物志》，将其单列为一种。

192

菟丝子
Cuscuta chinensis

旋花科　菟丝子属

外观＊一年生寄生草本，灰绿色。

根茎＊茎缠绕，黄色，纤细。

叶＊无叶，属于异养植物，主要寄主为豆科植物。

花序＊花序侧生，簇生成小伞形或小团伞花序；几无总花序梗，小花梗短而粗壮。

花＊花萼杯状，中部以下连合，裂片三角状；花冠白色，壶形，向外反折，宿存；雄蕊着生花冠裂片弯缺微下处；花柱2，柱头球形。

果实＊蒴果，球形，几乎全为宿存的花冠所包围。

花果期＊花期7~8月，果期8~9月。

园内分布＊全园广泛分布。

193

附地菜

Trigonotis peduncularis

紫草科　附地菜属

外观＊一年生或二年生草本，高5～30厘米。

根茎＊茎通常多条丛生，密集，铺散，基部多分枝，被短糙伏毛。

叶＊基生叶呈莲座状，具叶柄，叶片匙形，两面被糙伏毛；茎上部单叶互生，长圆形或椭圆形，近无柄。

花序＊镰状聚伞花序顶生，幼时卷曲，后渐次伸长；花梗花后伸长。

花＊花萼裂片卵形；花淡蓝色，花冠5裂，裂片平展，喉部附属物白色或带黄色；雄蕊内藏；花柱线形，短于花冠筒，柱头头状。

果实＊小坚果4，斜三棱锥状四面体形，略具毛。

花果期＊花期3～6月，果期7～8月。

园内分布＊分布于13、20、23区。

194

斑种草

Bothriospermum chinense

紫草科　斑种草属

外观＊一年生草本，高20～30厘米，密生开展硬毛。
根茎＊根为直根，细长，不分枝；茎数条丛生，直立或斜升，常由基部分枝。
叶＊基生叶及茎下部叶具长柄，匙形或倒披针形，近全缘，边缘皱波状，被长硬毛及伏毛；茎中部及上部叶无柄，长圆形或狭长圆形，表面被向上贴伏的硬毛，叶背被硬毛及伏毛。
花序＊镰状聚伞花序；花梗在果期伸长。
花＊花萼密生开展的硬毛；花淡蓝色，花冠5裂，裂片圆形，喉部具5个先端二裂的附属物；花药卵圆形，花丝着生花冠筒基部；花柱短，柱头头状。
果实＊小坚果，肾形。
花果期＊花期4～6月，果期6～8月。
园内分布＊分布于6、13、16、23区。

紫珠

Callicarpa bodinieri

马鞭草科　紫珠属

外观＊落叶灌木，高约2米。
枝条＊小枝被粗糠状星状毛。
叶＊叶片卵状长椭圆形至椭圆形，边缘有细锯齿，表面干后暗棕褐色，有短柔毛，背面灰棕色，密被星状柔毛，两面密生暗红色或红色细粒状腺点。
花序＊聚伞花序腋生，4～5次分歧；花序梗纤细，被星状毛。
花＊花萼外被星状毛和暗红色腺点，萼齿钝三角形；花冠紫色，被星状柔毛和暗红色腺点；花药椭圆形，细小。
果实＊核果球形，熟时紫色，无毛。
花果期＊花期5～7月，果期7～10月。
园内分布＊分布于25区。

196

荆条

Vitex negundo var. *heterophylla*

马鞭草科　牡荆属

外观＊落叶灌木。

枝条＊小枝四棱形，密生灰白色绒毛。

叶＊掌状复叶对生；小叶5，稀3，小叶片长圆状披针形至披针形，边缘有缺刻状锯齿，浅裂至深裂，背面密被灰白色绒毛。

花序＊聚伞花序排成圆锥花序，顶生，花序梗密生灰白色绒毛。

花＊花萼钟状，顶端5裂，外有灰白色绒毛；花冠淡紫色，外有微柔毛，顶端5裂，二唇形；雄蕊和花柱伸出花冠管外。

果实＊核果近球形，宿存花萼与果实近等长。

花果期＊花期6～8月，果期7～10月。

园内分布＊分布于23区。

197

夏至草
Lagopsis supina

唇形科　夏至草属

外观＊多年生草本，株高15～35厘米。

根茎＊主根圆锥形；茎四棱形，具沟槽，带紫红色，密被微柔毛，常在基部分枝。

叶＊具基生叶。茎生叶轮廓圆形、卵圆形，3浅裂至3深裂，裂片具齿，两面具毛。上部叶的叶柄较短，微具沟槽。

花序＊轮伞花序疏花，腋生。

花＊花萼管状钟形，外密被微柔毛，萼齿5；花冠白色，外面被长柔毛，二唇形，上唇长圆形，全缘，下唇3裂；雄蕊4，着生于冠筒中部稍下，不伸出。

果实＊小坚果4，长卵形，褐色。

花果期＊花期3～5月，果期5～6月。

园内分布＊分布于6、13、15、20、32区。

198

荆芥
Nepeta cataria

唇形科　荆芥属

外观＊多年生草本，高20～60厘米。

根茎＊茎坚强，基部木质化，多分枝，基部近四棱形，上部钝四棱形，具浅槽，被白色短柔毛。

叶＊单叶对生；卵状至三角状心脏形，边缘具粗圆齿或牙齿；侧脉在表面微凹陷，背面隆起。

花序＊聚伞状，下部腋生，上部组成顶生分枝圆锥花序。

花＊花萼在花期管状，外被白色短柔毛，花后增大成瓮状；花冠白色，外被白色柔毛，二唇形，上唇先端具浅凹，下唇具紫点，3裂，边缘具粗牙齿；雄蕊内藏；花柱线形，先端2等裂。

果实＊小坚果4，卵形，近三棱状，灰褐色。

花果期＊花期7～9月，果期9～10月。

园内分布＊分布于20（科普园）、23区。

199

活血丹

别名：连钱草

Glechoma longituba

唇形科　活血丹属

外观＊多年生草本，高10～20厘米。

根茎＊具匍匐茎，逐节生根，四棱形，基部通常呈淡紫红色。

叶＊单叶对生。下部者较小，心形或近肾形。上部者较大，心形，边缘具圆齿或粗锯齿状圆齿，两面具毛；叶柄被长柔毛。

花序＊轮伞花序通常2花，稀具4～6花。

花＊花萼管状，外面被长柔毛，齿5；花冠淡蓝、蓝至紫色，冠筒直立，外面被柔毛，冠檐二唇形，上唇2裂，下唇具深色斑点，3裂；雄蕊4，内藏；花柱细长，略伸出，先端近相等2裂。

果实＊小坚果4，深褐色，长圆状卵形，无毛。

花果期＊花期5～7月，果期7～8月。

园内分布＊分布于1、20区（科普园）。

200

益母草

Leonurus artemisia

唇形科　益母草属

外观＊二年生草本，高30～120厘米。

根茎＊主根密生须根；茎直立，多分枝，钝四棱形，微具槽，具伏毛。

叶＊叶轮廓变化很大，下部叶卵形，掌状3裂，裂片长圆状菱形，裂片上再分裂，两面具毛；中部叶菱形，3裂，裂片圆状线形；上部叶近无柄，线状披针形，全缘或具稀少牙齿。

花序＊轮伞花序，腋生。

花＊花萼管状钟形，齿5；花冠粉红至淡紫红色，冠筒略具毛，冠檐二唇形，上唇直伸全缘，下唇3裂；雄蕊4；花柱丝状，略长于雄蕊而与上唇等长，先端2浅裂。

果实＊小坚果4，长圆状三棱形。

花果期＊花期7～9月，果期9～10月。

园内分布＊分布于20区。

201

荔枝草

别名：雪见草

Salvia plebeia

唇形科　鼠尾草属

外观＊二年生草本，高15～90厘米。

根茎＊主根肥厚，须根多；茎直立，粗壮，四棱，多分枝，被柔毛。

叶＊单叶对生；椭圆状卵圆形或椭圆状披针形，边缘具圆齿、牙齿或尖锯齿，密被疏柔毛。

花序＊轮伞花序，在茎、枝顶端密集组成总状圆锥花序。

花＊花萼钟形，外面被疏柔毛；花冠淡红、淡紫、紫、蓝紫至蓝色，稀白色，冠筒外面无毛，冠檐二唇形，上唇先端微凹，两侧折合，下唇长3裂；能育雄蕊2，略伸出花冠外；花柱和花冠等长，不相等2裂，

果实＊小坚果4，倒卵圆形。

花果期＊花期4～5月，果期6～7月。

园内分布＊分布于6、13、15区。

202

鼠尾草
Salvia japonica

唇形科　鼠尾草属

外观＊多年生草本，高20～40厘米。

根茎＊须根密集；茎直立，钝四棱形，具沟。

叶＊茎下部叶为二回羽状复叶；茎上部叶为一回羽状复叶，顶生小叶披针形或菱形，边缘具钝锯齿，侧生小叶卵圆状披针形，其余与顶生小叶同。

花序＊轮伞花序，顶生，组成伸长的总状花序或分枝组成总状圆锥花序。

花＊花冠淡红、淡紫、淡蓝至白色，外面密被长柔毛，二唇形；上唇椭圆形或卵圆形，下唇3裂，中裂片倒心形；能育雄蕊2，外伸。

果实＊小坚果椭圆形，褐色，光滑。

花期＊花期6～9月。

园内分布＊分布于20区（科普园）。

枸杞

Lycium chinense

茄科　枸杞属

外观＊落叶多分枝灌木，高0.5～1米。

枝条＊枝条细弱，弯曲或俯垂，淡灰色，有纵条纹，具棘刺。

叶＊叶纸质，单叶互生或2～4枚簇生，卵形、卵状菱形、卵状披针形，全缘；叶柄短。

花序＊花在长枝上单生或双生于叶腋，在短枝上同叶簇生；花梗向顶端渐增粗。

花＊花萼通常3中裂或4～5齿裂；花冠漏斗状，淡紫色，筒部5深裂；雄蕊短于花冠；花柱长于雄蕊，柱头绿色。

果实＊浆果红色，卵状或长圆状。

花果期＊花期6～9月，果期8～11月。

园内分布＊分布于6、13、15、20、32区。

248

204

苦蘵
Physalis angulata

茄科　酸浆属

外观＊一年生草本，被疏短柔毛或近无毛，高30～50厘米。

根茎＊茎多分枝，分枝纤细。

叶＊叶片卵形至卵状椭圆形，顶端渐尖或急尖，基部阔楔形或楔形，全缘或有不等大的牙齿，两面近无毛；叶柄无毛。

花序＊单花腋生，花梗纤细。

花＊花萼5中裂，裂片披针形，生缘毛；花冠淡黄色，喉部常有紫色斑纹；花药蓝紫色或有时黄色。

果实＊果萼卵球状，绿色，薄纸质，浆果球形。

花果期＊花期6～9月，果期8～11月。

园内分布＊分布于20区。

249

205

龙葵
Solanum nigrum

茄科　茄属

外观＊一年生直立草本，高20～50厘米。

根茎＊茎无棱或棱不明显，绿色，稀紫色，近无毛或被微柔毛。

叶＊单叶互生；卵形，基部楔形至阔楔形而下延至叶柄，全缘或每边具不规则的波状粗齿，光滑或两面均被稀疏短柔毛。

花序＊蝎尾状花序腋外生；总花梗及花梗略具短柔毛。

花＊萼小，浅杯状；花冠白色，筒部隐于萼内，冠檐5深裂；花丝短，花药黄色；花柱中部以下被白色绒毛；柱头头状。

果实＊浆果球形，熟时黑色。

花果期＊花期7～9月，果期8～10月。

园内分布＊分布于13、20、32区。

206

青杞

Solanum septemlobum

茄科 茄属

外观＊多年生直立草本或灌木状。

根茎＊茎具棱角，稍木质化，略具短柔毛。

叶＊单叶互生；卵形，常7裂，有时5～6裂或叶上部近全缘，裂片卵状长圆形至披针形，全缘或具尖齿，两面疏被短柔毛。

花序＊二歧聚伞花序，顶生或腋外生；总花梗具微柔毛，花梗纤细。

花＊萼小，杯状；花冠青紫色，花冠筒隐于萼内，冠檐先端深5裂，开放时常向外反折；花丝极短，花药黄色；花柱丝状，柱头头状。

果实＊浆果近球状，熟时红色。

花果期＊花期7～8月，果期8～10月。

园内分布＊分布于1、13、20区。

毛泡桐

Paulownia tomentosa

玄参科　泡桐属

外观＊落叶乔木，高可达20米，树冠宽大伞形，树皮褐灰色。

枝条＊小枝皮孔明显，幼时常具黏质短腺毛。

叶＊单叶对生；卵状心形，全缘或波状浅裂，表面毛稀疏，叶背毛较密，幼叶具黏质腺毛；叶柄具黏质短腺毛。

花序＊圆锥花序呈金字塔形或狭圆锥形，小聚伞花序的总花梗几与花梗等长，叶前开放。

花＊萼浅钟形，中裂；花冠紫色，内有紫斑和黄条纹，漏斗状钟形，基部弓曲，向上膨大，檐部2唇形；雄蕊4枚，二强；花柱短于雄蕊。

果实＊蒴果卵圆形，幼时密生黏质腺毛。

花果期＊花期4～5月，果期8～9月。

园内分布＊分布于13、20（科普园）、36区。

通泉草

Mazus japonicus

玄参科　通泉草属

外观＊一年生草本，高3～15厘米，疏生短柔毛。

根茎＊茎直立或斜生，常自基部分支。

叶＊基生叶莲座状或早落，倒卵状匙形至卵状倒披针形，顶端全缘或有不明显的疏齿，基部下延成带翅的叶柄；茎生叶对生或互生，少数，与基生叶相。

花序＊总状花序生于茎、枝顶端，花多数，稀疏；花梗在果期增长。

花＊花萼钟状，果期增大；花冠白色、紫色或蓝色，上唇2裂，下唇3裂，具橘黄色斑点；雄蕊4，2强；花柱无毛，柱头2片状。

果实＊蒴果球形，无毛。

花果期＊花期4～7月，果期6～9月。

园内分布＊分布于17区。

柳穿鱼

Linaria vulgaris ssp. *sinensis*

玄参科　柳穿鱼属

外观＊多年生草本，植株高20～50厘米。

根茎＊茎直立，无毛，常在上部分枝。

叶＊叶多互生，下部少数轮生，偶全部叶均呈4枚轮生；条形，全缘，无毛；无柄。

花序＊顶生总状花序，花密集，花序轴果期伸长

花＊花萼裂片披针形，外面无毛，内面多少被腺毛；花冠黄色，上唇长于下唇，2裂，下唇3裂，中裂片舌状，距稍弯曲。

果实＊蒴果卵球形。

花果期＊花期6～8月，果期8～9月。

园内分布＊分布于13区。

210

地黄
Rehmannia glutinosa

玄参科　地黄属

外观＊多年生草本，体高10～30厘米，全株密被灰白色长柔毛和腺毛。

根茎＊根茎肉质，鲜时黄色；茎紫红色。

叶＊通常在茎基部集成莲座状，逐渐缩小而在茎上互生；叶卵形至长椭圆形，表面绿色，背面略带紫色或紫红色，边缘具不规则圆钝；基部渐狭成柄。

花序＊总状花序，顶生，偶单生于叶腋；花梗细弱。

花＊花萼密被长柔毛，萼齿5枚；花冠筒状；花冠5裂；雄蕊4，2强，内藏；花柱顶部扩大，成2枚片状柱头。

果实＊蒴果卵形至长卵形。

花果期＊花期4～6月，果期6～7月。

园内分布＊分布于6、13、15、20区。

255

211

梓
Catalpa ovata
紫葳科 梓属

外观＊落叶乔木，高可达10米，树冠伞形。
枝条＊主干通直，嫩枝具稀疏柔毛。
叶＊单叶对生或近于对生，偶轮生；阔卵形，长宽近相等，全缘或浅波状，常3浅裂，表面及叶背均粗糙，略具柔毛；叶柄长。
花序＊圆锥花序顶生，花序梗微被疏毛。
花＊花萼蕾时圆球形，2裂；花冠钟状，淡黄色，内面具2黄色条纹及紫色斑点；能育雄蕊2，花丝生于花冠筒上，退化雄蕊3；花柱丝形，柱头2裂。
果实＊蒴果线形，下垂。
花果期＊花期6～7月，果期7～9月。
园内分布＊分布于20（科普园）、25区。

256

212

楸

Catalpa bungei

紫葳科　梓属

外观＊落叶小乔木，高可达15米。

枝条＊干皮纵裂，小枝无毛。

叶＊单叶对生，偶轮生；三角状卵形或卵状长圆形，基部偶具1～2牙齿，两面无毛，下面叶脉近叶柄处具紫色斑点。

花序＊伞房状总状花序顶生。

花＊花萼蕾时圆球形，2裂，顶端有2尖齿；花冠淡红色，内面具2黄色条纹及暗紫色斑点，能育雄蕊2枚。

果实＊蒴果线形，下垂。

花果期＊花期5～7月，果期6～9月。

园内分布＊分布于20（科普园）、27区。

平车前

Plantago depressa

车前科 车前属

外观＊一年生草本。

根茎＊主根长，具多数侧根，稍肉质。

叶＊基生叶莲座状；纸质，椭圆形、椭圆状披针形或卵状披针形，边缘具浅波状钝齿，基部宽楔形至狭楔形，下延至叶柄，两面疏生短柔毛。

花序＊穗状花序细圆柱状，多数，直立；花序梗有纵条纹，疏生短柔毛。

花＊花萼无毛；花冠白色，无毛，裂片4，花后反折；雄蕊4，生于冠筒内面近顶端，同花柱明显外伸，花药新鲜时白色或绿白色，干后变淡褐色。

果实＊蒴果圆锥状卵形，成熟时中下部盖裂。

花果期＊花期6～7月，果期7～9月。

园内分布＊全园广泛分布。

214

茜草
Rubia cordifolia

茜草科　茜草属

外观＊多年生草质攀缘草木。

根茎＊根状茎具红色须根；茎多数，细长，方柱形，有4棱，棱上具倒生皮刺，中部以上多分枝。

叶＊叶4片轮生；纸质，披针形或长圆状披针形，边缘有齿状皮刺，两面粗糙；叶柄具倒生皮刺。

花序＊聚伞花序腋生或顶生，多回分枝，着花多数；花序和分枝均细瘦，有微小皮刺。

花＊花小，花冠淡黄色，5裂，外面无毛；雄蕊5；花柱2裂，柱头头状。

果实＊肉质，双球形，成熟时橘黄色。

花果期＊6～9月。

园内分布＊分布于13、15、20区。

215

欧洲荚蒾

Viburnum opulus

忍冬科　荚蒾属

外观＊落叶灌木，高可达3米，树皮暗灰色，纵裂，树皮质薄。

枝条＊当年小枝有棱，无毛，有明显凸起的皮孔。

叶＊单叶对生；通常3裂，边缘具不整齐粗牙齿；叶柄粗壮，无毛，具多枚明显腺体。

花序＊复伞形式聚伞花序，四周具大型的白色不孕花，总花梗粗壮，无毛，花生于第二至第三级辐射枝上。

花＊萼筒倒圆锥形，萼齿三角形，均无毛；花冠白色，辐状，裂片近圆形；雄蕊长于花冠，花药黄白色。

果实＊核果近球形，近红色。

花果期＊花期5~6月，果期8~9月。

园内分布＊分布于20区。

260

216

蜡实

Kolkwitzia amabilis

忍冬科　蜡实属

外观＊多分枝落叶灌木，高可达3米。

枝条＊幼枝红褐色，被短柔毛及糙毛；老枝光滑，茎皮剥落。

叶＊单叶对生；椭圆形至卵状椭圆形，全缘，少有浅齿状，两面散生短毛，脉上和边缘密被直柔毛和睫毛；叶柄极短。

花序＊伞房状聚伞花序顶生，总花梗短，几无花梗。

花＊萼筒密生长刚毛；花冠淡红色，中部以上扩大，裂片不等，内面具黄色斑纹；雄蕊4枚，二强；柱头圆形，不伸出花冠筒外。

果实＊核果2枚合生，密被黄色刺刚毛。

花果期＊花期6月，果期7～10月。

园内分布＊分布于20区（科普园）。

217

锦带花
Weigela florida

忍冬科　锦带花属

外观＊落叶灌木，高达1～3米。
枝条＊幼枝稍四方形，有2列短柔毛。
叶＊单叶对生；矩圆形、椭圆形至倒卵状椭圆形，边缘有锯齿，两面具毛，叶脉较密；具短柄至无柄。
花序＊花单生或成聚伞花序生于侧生短枝的叶腋或枝顶。
花＊萼筒长圆柱形，疏被柔毛，5裂至中部；花冠玫瑰红色，外面疏生短柔毛，裂片不整齐；雄蕊5，着生于花冠中部，稍超出花冠；花柱细长，柱头2裂。
果实＊蒴果柱状，顶有短柄状喙，疏生柔毛。
花果期＊花期4～5月，果期9～10月。
园内分布＊分布于23区。

262

218

郁香忍冬
Lonicera fragrantissima

忍冬科　忍冬属

外观＊半常绿灌木，高2～3米。

枝条＊幼枝无毛或疏被倒刚毛，脱落后留有小瘤状突起，老枝灰褐色。

叶＊单叶对生；厚纸质至近革质，卵状椭圆形至卵状披针形，全缘，正背中脉具伏毛；叶柄具刚毛。

花序＊成对开放，腋生，具总花梗；花先于叶或与叶同时开放。

花＊相邻两萼筒约连合至中部；花冠白色或带粉红色，后变黄色，芳香，外无毛或稀有疏糙毛，唇形，上唇裂片深达中部，下唇舌状，反曲；雄蕊内藏。

果实＊浆果矩圆形，两果基部合生，鲜红色。

花果期＊花期3～4月，果期5～6月。

园内分布＊分布于20区（科普园）。

219

金银忍冬

别名：金银木

Lonicera maackii

忍冬科　忍冬属

外观＊落叶灌木，高可达5米。

枝条＊幼枝具微毛，小枝中空。

叶＊单叶对生；纸质，卵状椭圆形至卵状披针形，全缘，两面叶脉、叶柄被短柔毛和微腺毛。

花序＊成对生于幼枝叶腋，总花梗短于叶柄。

花＊相邻两萼筒分离；花冠先白色后变黄色，芳香，二唇形；雄蕊与花柱短于花冠。

果实＊果实暗红色，圆形。

花果期＊花期5～6月，果期8～10月。

园内分布＊分布于20、27区。

忍冬

别名: 金银花

Lonicera japonica

忍冬科　忍冬属

外观＊半常绿缠绕藤本。

枝条＊幼枝密被黄褐色腺毛和短柔毛。

叶＊单叶对生；纸质，卵形至矩圆状卵形，偶卵状披针形，两面具短糙毛；叶柄密被短柔毛。

花序＊花成对腋生；总花梗与叶柄近等长，密被短柔毛。

花＊萼筒无毛，5裂；花冠白色，后变黄色，芳香，二唇形，上唇4裂，下唇狭长而反曲；雄蕊和花柱均高出花冠。

果实＊浆果圆形，熟时蓝黑色，有光泽。

花果期＊花期6~8月，果期8~10月。

园内分布＊分布于20区（科普园）。

221

新疆忍冬
Lonicera tatarica

忍冬科　忍冬属

外观＊落叶灌木，高可达3米，全株近于无毛。

枝条＊小枝中空。

叶＊叶纸质，卵形或卵状矩圆形，顶端尖，基部圆或近心形，两侧常稍不对称，边缘有短糙毛。

花序＊花成对腋生，具一总花梗。

花＊相邻两萼筒分离；花冠粉红色，稀白色，唇形，筒短于唇瓣，上唇4裂，中间两裂片裂的较浅；雄蕊和花柱稍短于花冠。

果实＊浆果红色。

花果期＊花期5~6月，果期7~8月。

园内分布＊分布于27区。

222

赤瓟
Thladiantha dubia

葫芦科　赤瓟属

外观＊多年生攀缘草质藤本，全株被黄白色硬毛。

根茎＊根块状；茎稍粗壮，有棱沟；卷须纤细，被长柔毛，单一。

叶＊单叶互生；叶柄稍粗；叶片宽卵状心形，边缘浅波状，具不等的细齿，两面粗糙。

花序＊雌雄异株；雄花单生或聚生于短枝的上端，呈假总状花序；雌花单生于叶腋；花梗被长柔毛。

花＊雄花花萼裂片披针形；花冠黄色，上部向外反折，外面被短柔毛；雄蕊5，1枚分离，4枚两两稍靠合。雌花花萼和花冠同雄花；退化雄蕊5，棒状。

果实＊浆果卵状长圆形，红棕色，具10条明显的纵纹。

花果期＊花期7～8月，果期8～9月。

园内分布＊分布于13区。

栝楼
Trichosanthes kirilowii

葫芦科　栝楼属

外观＊多年生攀缘藤本。

根茎＊块根圆柱状，粗大肥厚；茎较粗，多分枝，具纵棱及槽，被白色柔毛；卷须分枝，被柔毛。

叶＊单叶互生；纸质，轮廓近圆形，3～7浅裂至中裂，边缘浅裂，正、背两面沿脉被硬毛；叶柄具纵条纹，被长柔毛。

花序＊雌雄异株；雄花序呈总状顶生，花序梗具纵棱槽，被微柔毛；雌花单生，花梗被短柔毛。

花＊雄花花萼5裂，裂片披针形；花冠白色，5深裂，边缘成流苏状；花丝分离，花药靠合。雌花花萼与花冠同雄花；柱头3。

果实＊果实椭圆形或圆形，成熟时黄褐色或橙黄色。

花果期＊花期7～8月，果期9～10月。

园内分布＊分布于32区。

桔梗

Platycodon grandiflorus

桔梗科 桔梗属

外观＊多年生草本，具白色乳汁。

根茎＊根粗壮；茎单一或从上部分枝。

叶＊单叶对生、互生或轮生，近无柄；叶片卵形，卵状椭圆形至披针形，边缘具细锯齿，叶背常无毛而有白粉。

花序＊花单朵顶生，或数朵集成假总状花序，或有花序分枝而集成圆锥花序。

花＊花萼筒部半圆球状或圆球状倒锥形，被白粉，裂片三角形；花冠蓝色或紫色，5浅裂；雄蕊5，与花冠裂片互生；柱头5裂；雄蕊先成熟。

果实＊蒴果倒卵形。

花果期＊花期7～9月，果期8～10月。

园内分布＊分布于20区（科普园）。

半边莲

Lobelia chinensis

桔梗科　半边莲属

外观＊多年生草本，具白色乳汁。

根茎＊茎细弱，匍匐，节上生根，分枝直立，无毛。

叶＊单叶互生；无柄或近无柄；椭圆状披针形至条形，全缘或顶部有明显的锯齿，无毛。

花序＊花通常1朵，生于分枝的上部叶腋，花梗细。

花＊花萼筒5裂，裂片披针形；花冠粉红色或白色，5裂，裂片全部平展于下方，呈一个平面；雄蕊5，花丝中部以上连合；柱头2裂。

果实＊蒴果，倒锥状，2瓣裂。

花果期＊花期7～9月，果期9～10月。

园内分布＊分布于16区。

226

刺儿菜
Cirsium setosum

菊科 蓟属

外观＊多年生草本，高30～80厘米。

根茎＊茎直立，上部有分枝。

叶＊基生叶和中部茎叶椭圆形、长椭圆披针形，几无柄；上部茎叶渐小，椭圆形或披针形，全缘、齿裂或羽状浅裂，叶缘有细密的针刺。全部茎叶表面无毛，背面偶具毛。

花序＊雌雄异株；头状花序单生或多个茎端，雌花序较大；花序分枝略具毛。

花＊小花紫红色或白色，全为管状花。雌株雄蕊退化；两性植株全部小花为两性。

果实＊瘦果淡黄色，冠毛污白色，多层，整体脱落。

花果期＊4～8月。

园内分布＊分布于23区。

227

泥胡菜

Hemistepta lyrata

菊科　泥胡菜属

外观＊一二年生草本，高30～100厘米。

根茎＊茎单生，具丛棱，被稀疏蛛丝毛，上部常分枝。

叶＊基生叶长椭圆形或倒披针形，花期枯萎，中下部叶与基生叶同形，大头羽状深裂或全裂，裂片边缘具齿，茎叶两面异色，叶背被绒毛；基生叶及下部叶叶柄基部扩大抱茎；上部叶的叶柄渐短。

花序＊头状花序在茎枝顶端排成疏松伞房花序，偶单生。

花＊中外层苞片外面上方近顶端有直立的鸡冠状突起的附片，附片紫红色；小花紫色或红色，深5裂，花冠裂片线形。

果实＊小瘦果，深褐色；冠毛异型，白色，两层。

花果期＊5～8月。

园内分布＊分布于2、6、13、20区。

274

228

山莴苣

Lagedium sibiricum

菊科 山莴苣属

外观＊一二年生草本，高50～100厘米。

根茎＊根垂直直伸；茎直立，通常单生，常淡红紫色，光滑无毛。

叶＊中下部茎叶披针形或长椭圆状披针形，基部半抱茎，全缘或小尖头状微锯齿，极少边缘缺刻状或羽状浅裂，下部叶花期枯萎；茎上部的叶渐小，与中下部叶同形；叶片光滑无毛。

花序＊头状花序含舌状小花约20枚，多数在茎枝顶端排成伞房花序或伞房圆锥花序。

花＊舌状小花淡黄色。

果实＊瘦果长椭圆形或椭圆形，褐色或橄榄色，压扁；冠毛白色，2层，不脱落。

花果期＊7～9月。

园内分布＊分布于20、24区。

229

乳苣

别名：蒙山莴苣

Mulgedium tataricum

菊科　乳苣属

外观＊多年生草本，高15～60厘米。

根茎＊茎直立，上部有圆锥状花序分枝，全部茎枝光滑无毛。

叶＊中下部叶长椭圆形或线状长椭圆形，羽状浅裂或半裂或边缘具大锯齿；中部侧裂片较大，全部侧裂片全缘或具稀疏的小尖头；顶裂片披针形或长三角形。全部叶质地稍厚，两面光滑无毛。

花序＊头状花序约含20枚小花，多数，在茎枝顶端狭或宽圆锥花序。

花＊舌状小花紫色或紫蓝色，管部有白色短柔毛。

果实＊瘦果灰黑色。冠毛2层，纤细，白色，分散脱落。

花果期＊花果期6～9月。

园内分布＊分布于23区。

230

黄鹌菜

Youngia japonica

菊科　黄鹌菜属

外观＊一年生草本，高20～60厘米。

根茎＊根垂直直伸，须根多数；茎直立，单生偶簇生，略具毛。

叶＊基生叶倒披针形、椭圆形、长椭圆形或宽线形，大头羽状深裂或全裂，裂片边缘具锯齿或小尖头，极少全缘；叶柄具翅，有时不明显。茎生叶较少。全部叶及叶柄被皱波状长或短柔毛。

花序＊头状花序，在茎枝顶端排成伞房花序，分枝；花序梗细。

花＊舌状小花黄色，花冠管外面有短柔毛。

果实＊瘦果纺锤形，压扁，褐色或红褐色；冠毛糙毛状。

花果期＊5～7月。

园内分布＊分布于2、18区。

231

抱茎小苦荬

别名：抱茎苦荬菜

Ixeridium sonchifolium

菊科　小苦荬属

外观＊多年生草本，高15~60厘米，体内具白色乳汁。

根茎＊根垂直直伸；茎直立，上部分枝，无毛。

叶＊基生叶莲座状，匙形、长倒披针形或长椭圆形，基部下延呈翼状与叶柄合生，先端急尖或圆钝，边缘不整齐羽状深裂。中下部叶略小于基生叶，羽状浅裂，基部心形或耳状抱茎。上部叶心状披针形，边缘全缘，偶具锯齿，基部心形或圆耳状扩大抱茎。叶片无毛。

花序＊头状花序，伞房状排列，顶生。

花＊舌状小花黄色。

果实＊瘦果，黑色，冠毛白色。

花果期＊4~6月。

园内分布＊全园广泛分布。

232

中华小苦荬

别名: 中华苦荬菜

Ixeridium chinense

菊科 小苦荬属

外观＊多年生草本，高10～30厘米，无毛。
根茎＊根垂直直伸，通常不分枝；茎直立，单生或少
数簇生，无毛。
叶＊基生叶倒披针形、线形或舌形，基部下延呈翼状
与叶柄合生，全缘、疏具小齿或不规则羽状裂。茎生
叶2～4枚，偶无茎叶，茎生叶叶形与基生叶相似，全
缘，基部略抱茎。叶片无毛。
花序＊头状花序在茎枝顶端排成伞房花序。
花＊舌状小花黄色，干时带红色。
果实＊瘦果，褐色，长椭圆形，冠毛白色。
花果期＊4～7月。
园内分布＊全园广泛分布。

蒲公英
Taraxacum mongolicum

菊科　蒲公英属

外观＊多年生草本，高10～20厘米，植物体内具白色乳汁。

根茎＊根圆柱状，黑褐色，粗壮。无地上茎。

叶＊基生叶倒披针形或长圆状披针形，边缘波状齿、羽状深裂或大头羽状深裂，顶端裂片三角状戟形，基部渐狭成叶柄，疏被白色柔毛。

花序＊头状花序；花葶1至数个，与叶等长或稍长，上部紫红色，密被白色长柔毛。

花＊舌状花黄色，边缘舌片背面具紫红色条纹。

果实＊瘦果倒卵状披针形，暗褐色；冠毛白色。

花果期＊花期4～9月，果期5～10月。

园内分布＊全园广泛分布。

234

兔儿伞
Syneilesis aconitifolia

菊科　兔儿伞属

外观＊多年生草本，高70~100厘米。

根茎＊根状茎匍匐，横走；茎直立，紫褐色，无毛，不分枝。

叶＊基生叶花期枯萎；茎生叶2，互生，圆盾形，2~3回叉状分裂，边缘具不等长的锐齿，叶无毛；中部叶小裂片通常4-5。

花序＊头状花序多数，在茎端密集成复伞房状。

花＊小花冠淡粉白色，管部窄，檐部窄钟状，5裂；花药紫色。

果实＊瘦果圆柱形，无毛，具肋；冠毛污白色或变红色，糙毛状。

花果期＊7~9月。

园内分布＊分布于2区。

全叶马兰

Kalimeris integrifolia

菊科　马兰属

外观＊多年生草本，高30~70厘米。

根茎＊直根长纺锤状。茎直立，单生或数个丛生，被细硬毛，茎中部以上分枝。

叶＊下部叶在花期枯萎；中部叶多而密，条状披针形或倒披针形，基部渐狭无柄，全缘，边缘稍反卷；上部叶较小，条形；全部叶互生，两面密被粉状短绒毛。

花序＊头状花序单生枝端且排成疏伞房状。

花＊舌状花1层，具毛，舌片淡紫色；管状花黄色，具毛。

果实＊瘦果倒卵形，浅褐色，扁平，有浅色边肋，或一面有肋而果呈三棱形，上部有短毛及腺点；冠毛易脱落。

花果期＊花果期7~9月。

园内分布＊分布于4区。

小蓬草
Conyza canadensis

菊科　白酒草属

外观＊一年生草本，高50～100厘米。

根茎＊根纺锤状。茎直立，圆柱状，具棱，被长硬毛，上部分枝。

叶＊基部叶花期枯萎。下部叶倒披针形，基部渐狭成柄，边缘具疏锯齿或全缘。中部和上部叶较小，线状披针形或线形，近全缘，边缘常被上弯的硬缘毛。

花序＊头状花序多数，排列成顶生多分枝的大圆锥花序；花序梗细。

花＊雌花舌状，白色，舌片小，线形，顶端具2个钝小齿；两性花淡黄色，花冠管状，上端4～5裂。

果实＊瘦果线状披针形，被贴微毛；冠毛污白色，糙毛状。

花果期＊6～9月。

园内分布＊分布于24区。

香丝草
Conyza bonariensis

菊科　白酒草属

外观＊一二年生草本，高20～50厘米，灰绿色。

根茎＊主根纺锤状，具纤维状根；茎直立或斜升，中部以上分枝，密被贴短毛，杂有开展的疏长毛。

叶＊基部叶花期枯萎。下部叶倒披针形，基部渐狭成长柄，具粗齿或羽状浅裂。中部和上部叶几无柄，狭披针形，中部叶具齿，上部叶全缘，两面均密被糙毛。

花序＊头状花序多数，在茎端排列成总状或总状圆锥花序。

花＊雌花多层，白色，无舌片或顶端仅有3～4个细齿；两性花淡黄色，上端具5齿裂。

果实＊瘦果线状披针形；冠毛淡红褐色。

花果期＊花期4～10月。

园内分布＊分布于33区。

238

石胡荽
Centipeda minima

菊科　石胡荽属

外观＊一年生小草本，高5~15厘米。

根茎＊茎多分枝，匍匐，略具毛。

叶＊叶互生；楔状倒披针形；基部楔形；边缘有少数锯齿；无毛或背面微被蛛丝状毛。

花序＊头状花序小，扁球形，单生于叶腋，无花序梗或极短。

花＊边缘花雌性，多层，花冠细管状，淡绿黄色，顶端2~3微裂；盘花两性，花冠管状，顶端4深裂，淡紫红色，下部有明显的狭管。

果实＊瘦果，椭圆形，具4棱，棱上有长毛，无冠状冠毛。

花果期＊7~9月。

园内分布＊分布于2、17、18区。

菊花

Dendranthema morifolium

菊科 菊属

外观＊多年生草本，高30～90厘米。

根茎＊茎直立，基部木质化，多分枝，密被白色短柔毛。

叶＊叶柄具沟槽；叶卵形至披针形，羽状浅裂或半裂，裂片长圆状卵型至近圆形，边缘有缺刻和锯齿，两面密被白色短柔毛。

花序＊头状花序，单生或数个集生于茎枝顶端，因栽培品种不同而差异很大。

花＊舌状花冠颜色各种；管状花黄色，或因栽培变化而全为舌状花。

果实＊瘦果一般不发育。

花果期＊9～10月。

园内分布＊分布于23区。

甘菊

Dendranthema lavandulifolium

菊科 菊属

外观＊多年生草本，高0.3～1米。

根茎＊有地下匍匐茎；茎直立，中部以上多分枝，茎枝有稀疏的柔毛，上部毛稍多。

叶＊基部和下部叶花期脱落。中部茎叶卵形、宽卵形，大多为二回羽状分裂。上部的叶羽裂、3裂或不裂。两面略具毛。中部茎叶具叶柄，柄基有分裂的叶耳或无耳。

花序＊头状花序，在茎枝顶端排成复伞房花序。

花＊舌状花黄色，舌片椭圆形，端全缘或具2～3个不明显齿裂。

果实＊瘦果倒卵形。

花果期＊9～10月。

园内分布＊分布于20区。

287

241

旋覆花
Inula japonica

菊科　旋覆花属

外观＊多年生草本，高30～70厘米。

根茎＊根状茎短，斜升，具须根；茎单生或2～3个簇生，直立，有细沟，被长伏毛，上部具分枝。

叶＊基部叶在花期枯萎；中部叶长圆形、长圆状披针形或披针形，基部叶半抱茎，无柄，边缘有小尖头状疏齿或全缘，叶表面略具毛，叶背有疏伏毛和腺点；上部叶渐狭小，线状披针形。

花序＊头状花序，排列成疏散的伞房花序；花序梗细长。

花＊舌状花黄色，舌片线形；管状花花冠有三角披针形裂片。

果实＊瘦果圆柱形；冠毛白色，1层。

花果期＊花果期6～10月。

园内分布＊分布于13、15、20、32区。

242

婆婆针
Bidens bipinnata

菊科　鬼针草属

外观＊一年生草本，高30～80厘米。

根茎＊茎直立，下部略具四棱，上部被稀疏柔毛。

叶＊叶对生；二回羽状分裂，第一次分裂深达中肋，裂片再次羽状分裂，小裂片具1～2对缺刻或深裂，边缘具不规整的粗齿，两面均被疏柔毛；叶柄腹面具沟槽，槽内及边缘具疏柔毛。

花序＊头状花序；花序梗在果期增长。

花＊舌状花通常1～3朵，舌片黄色，先端全缘或具2～3齿；管状花，黄色，冠檐5齿裂。

果实＊瘦果条形，具瘤状突起及小刚毛，顶端芒刺3～4枚，具倒刺毛。

花果期＊8～10月。

园内分布＊分布于13区。

243

牛膝菊
Galinsoga parviflora

菊科　牛膝菊属

外观＊一年生草本，高30～50厘米。

根茎＊茎纤细，直立或从基部分枝，被疏散或上部稠密的贴伏短柔毛和少量腺毛。

叶＊叶对生；卵形或长椭圆状卵形，被短柔毛边缘浅或钝锯齿或波状浅锯齿；叶柄短于叶片；向上及花序下部的叶渐小，披针形。

花序＊头状花序半球形，在茎枝顶端排成伞房花序。

花＊舌状花白色，4～5个，顶端3齿裂；管状花黄色。

果实＊瘦果三棱，黑色或黑褐色，被白色微毛；冠毛膜片状，白色。

花果期＊6～10月。

园内分布＊分布于3、4、13、20、23区。

鳢肠

Eclipta prostrata

菊科　鳢肠属

外观＊一年生草本，高可达60厘米。

根茎＊茎细弱，斜升或近直立，常自基部分枝，贴生糙毛。

叶＊叶长圆状披针形或披针形，边缘有细锯齿或有时仅波状，两面被密硬糙毛；几无柄。

花序＊头状花序小，单生。

花＊外围的雌花2层，舌状，顶端2浅裂或全缘；中央的两性花多数，花冠管状，白色，顶端4齿裂。

果实＊瘦果暗褐色；舌状花瘦果三棱形；管状花瘦果扁四棱形；无毛。

花果期＊6～9月。

园内分布＊分布于2、21区。

245

金光菊
Rudbeckia laciniata

菊科　金光菊属

外观＊一年生草本，高1～2米。

根茎＊上部分枝，无毛或稍有短糙毛。

叶＊叶互生，无毛或被疏短毛。下部叶具叶柄，不分裂或羽状5～7深裂，边缘疏锯齿或浅裂；中部叶3～5深裂；上部叶不分裂，卵形，全缘或有少数粗齿，背面边缘被短糙毛。

花序＊头状花序单生于枝端，具长花序梗。

花＊舌状花金黄色；舌片倒披针形，顶端具2短齿；管状花黄色或黄绿色。

果实＊瘦果无毛，压扁，顶端具有4齿的小冠。

花果期＊7～9月。

园内分布＊分布于20区（科普园）。

246

茵陈蒿

Artemisia capillaris

菊科　蒿属

外观＊多年生半灌木状草本，高40～100厘米，植株有浓烈的香气。

根茎＊主根明显木质；根茎直立，茎单生或少数开展，红褐色或褐色，具纵棱。

叶＊基生叶莲座状，基生叶、茎下部叶被柔毛；茎下部叶，二回羽状全裂，花期枯萎；茎中部叶一至二回羽状全裂；茎上部叶羽状5全裂或3全裂。

花序＊头状花序多数，常排成复总状花序，并在茎上端组成大型、开展的圆锥花序。

花＊外侧雌花花冠狭管状或狭圆锥状；内侧两性花不孕育，花冠管状。

果实＊瘦果长圆形或长卵形。

花果期＊花期8～9月，果期9～10月。

园内分布＊分布于6、13、15、20、24区。

野艾蒿
Artemisia lavandulaefolia

菊科　蒿属

外观＊多年生草本，高50～100厘米，植株有香气。
根茎＊根状茎稍粗，常匍地，具营养枝；茎多丛生，具纵棱，分枝多，被短柔毛。
叶＊叶纸质，两面具毛；基生叶与茎下部叶同形，二回羽状分裂，花期萎谢；茎中部叶一至二回羽状深裂，边缘反卷；茎上部叶羽状全裂，边缘反卷。
花序＊头状花序极多数，在分枝的上部排成穗状或复穗状花序，并在茎上组成狭长或中等开展的圆锥花序。
花＊花紫红色；外层花雌性；内层花两性，两性花数量较多。
果实＊瘦果长卵形或倒卵形。
花果期＊花期7～8月，果期8～9月。
园内分布＊分布于23区。

艾

别名：艾蒿

Artemisia argyi

菊科　蒿属

外观＊多年生草本，株高50～100厘米，植株有浓烈香气。

根茎＊主根明显，侧根多，具横卧根状茎及营养枝；茎单生，具明显纵棱，褐色，基部稍木质化，上部草质，上部分枝，被柔毛。

叶＊叶厚纸质，两面具毛；基生叶具长叶柄，花时枯萎；下部叶羽状深裂，具短叶柄；中部叶一至二回羽状深裂至全裂，具短叶柄；上部叶羽状半裂。

花序＊头状花序组成小型的穗状花序或复穗状花序；并在茎上组成狭窄、尖塔形的圆锥花序。

花＊花紫色；外层花雌性；内层花两性，两性花数量略多。

果实＊瘦果长圆形。

花果期＊花期8～9月，果期9～10月。

园内分布＊分布于23、33区。

大花金鸡菊
Coreopsis grandiflora

菊科　金鸡菊属

外观＊多年生草本，高20～100厘米。

根茎＊茎直立，下部常有稀疏的糙毛，上部有分枝。

叶＊基部叶有长柄，披针形或匙形；下部叶羽状全裂，裂片长圆形；中部及上部叶3～5深裂，裂片线形或披针形，中裂片较大，两面及边缘有细毛。

花序＊头状花序单生于枝端，具长花序梗。

花＊舌状花6～10个，黄色；管状花长5毫米左右，两性。

果实＊瘦果，广椭圆形或近圆形。

花果期＊6～9月。

园内分布＊分布于20区。

250

一年蓬

Erigeron annuus

菊科　飞蓬属

外观＊一年生或二年生草本。

根茎＊茎粗壮，上部分枝，被较密短硬毛，下部被长硬毛。

叶＊基部叶花期枯萎，长圆形或宽卵形；下部叶与基部叶同形；中部和上部叶较小，长圆状披针形或披针形，边缘有不规则的齿或近全缘。全部叶边缘被短硬毛，两面被疏短硬毛。

花序＊头状花序数个或多数，排列成疏圆锥花序。

花＊外围的雌花舌状，2层，舌片平展，白色，或有时淡天蓝色，顶端具2小齿；中央的两性花黄色。

果实＊瘦果披针形；冠毛异形，雌花冠毛极短，膜片状连成小冠，两性花的冠毛2层。

花果期＊花期6～9月。

园内分布＊分布于20区。

飞蓬

Erigeron acer

菊科　飞蓬属

外观＊二年生草本，高30～50厘米。

根茎＊茎单生，直立，绿色或有时紫色，具明显的条纹，被较密而开展的硬长毛。

叶＊基部叶较密集，花期常生存，倒披针形，基部渐狭成长柄；中部和上部叶披针形，无柄，最上部和枝上的叶极小，线形；全部叶片被硬长毛。

花序＊头状花序，雌雄同株，多数，在茎枝顶排成密集的狭圆锥花序。

花＊雌花外层舌状，舌片淡红紫色；中央的两性花管状，黄色。

果实＊瘦果长圆披针形，扁压，被疏贴短毛。

花果期＊花期7～8月，果期8～9月。

园内分布＊分布于24区。

252

花叶滇苦菜

别名：断续菊

Sonchus asper

菊科　苦苣菜属

外观＊一年生草本高，20～50厘米。

根茎＊根倒圆锥状，垂直直伸；茎直立，有纵纹或纵棱，单生或少数簇生；茎上部具腺毛，分枝。

叶＊基生叶与茎生叶同型，较小；中下部茎叶长椭圆形，基部耳状抱茎；上部茎叶披针形，圆耳状抱茎；叶片羽状裂，叶片及裂片与抱茎的圆耳边缘有尖齿刺，叶两面光滑无毛。

花序＊头状花序于茎枝顶端排成伞房花序。

花＊舌状小花黄色，两性。

果实＊瘦果倒披针状，褐色；冠毛白色，柔软。

花果期＊花果期5～10月。

园内分布＊分布于16、20区。

253

长裂苦苣菜
Sonchus brachyotus

菊科　苦苣菜属

外观＊一年生草本，高50～100厘米。

根茎＊根垂直直伸，生多数须根；茎直立，有纵条纹，全部茎枝光滑无毛。

叶＊基生叶与下部茎生叶卵形至长椭圆形，羽状深裂、半裂或浅裂，近无柄，基部半抱茎，裂片近全缘；中上部茎生叶与基生叶同形，略小；最上部茎生叶宽线形或宽线状披针形，花序下部的叶常钻形；全部叶两面光滑无毛。

花序＊头状花序少数在茎枝顶端排成伞房状花序。

花＊舌状小花多数，黄色。

果实＊瘦果长椭圆状，褐色，稍压扁；冠毛白色，纤细，柔软。

花果期＊花果期6～9月。

园内分布＊分布于13区。

300

254

早园竹
Phyllostachys propinqua

禾本科　刚竹属

外观＊多年生竹类，高6～12米，散生型。

根茎＊幼秆绿色被以渐变厚的白粉，光滑无毛；中部节间长约20厘米。

叶＊箨环、秆环略隆起；箨鞘淡红褐色或黄褐色，上部两侧常先变干枯而呈草黄色，被紫褐色小点和斑块；每小枝具叶3～5枚，叶背中脉基部有细毛。

笋期＊4～5月。

园内分布＊分布于19、26区。

255

金镶玉竹

Phyllostachys aureosulcata 'Spectabilis'

禾本科　刚竹属

外观＊多年生竹类，高3~5米，散生型

根茎＊幼秆被白粉及柔毛，毛脱落后手触竿表面微觉粗糙；竿金黄色，但沟槽为绿色。

叶＊箨鞘背部紫绿色，常有淡黄色纵条纹，散生褐色小斑点或无斑点，被薄白粉；箨耳淡黄带紫或紫褐色，边缘具毛；箨舌紫色，边缘生细短白色纤毛；每小枝具叶3~5片，小叶基部收缩为细柄。

笋期＊4月上旬至5月上旬。

园内分布＊分布于25区。

256

高羊茅
Festuca elata

禾本科 羊茅属

外观＊多年生草本，直立，高40～80厘米。

根茎＊无根茎；秆成疏丛或单生，具3～4节，光滑，上部伸出鞘外。

叶＊叶鞘光滑，具纵条纹；叶舌膜质，截平；叶片线状披针形，宽不足1厘米，先端长渐尖，通常扁平，叶背光滑无毛，表面及边缘粗糙。

花序＊圆锥花序疏松开展，自近基部处分出小枝或小穗。

花＊小穗含2～3花，颖片背部光滑无毛，顶端渐尖，边缘膜质，第一颖具1脉，第二颖具3脉；芒细弱，先端曲；外稃顶端2裂。

果实＊颖果顶端有毛茸。

花果期＊4～8月。

园内分布＊分布于1、10、23区。

早熟禾

Poa annua

禾本科　早熟禾属

外观＊一年生或二年生草本，高6～30厘米，全体平滑无毛。

根茎＊秆直立或倾斜，质软。

叶＊叶鞘稍压扁，中部以下闭合；叶舌圆头；叶片扁平或对折，质地柔软，常有横脉纹，顶端急尖呈船形，边缘微粗糙。

花序＊圆锥花序宽卵形，开展；分枝1～3枚着生各节，平滑。

花＊小穗卵形，含3～5小花，绿色；颖质薄，具宽膜质边缘，顶端钝，第一颖披针形具1脉，第二颖具3脉；外稃具明显的5脉；内稃与外稃近等长，两脊密生丝状毛；花药黄色。

果实＊颖果纺锤形。

花果期＊花期4～5月，果期5～6月。

园内分布＊分布于1、10、23区。

304

臭草
Melica scabrosa

禾本科　臭草属

外观＊多年生草本，高30～70厘米，直立或基部膝曲。

根茎＊须根细弱，较稠密；秆丛生，基部密生分蘖。

叶＊叶鞘闭合近鞘口，光滑或微粗糙；叶舌透明膜质；叶片质较薄，扁平，干时常卷折，两面粗糙或上面疏被柔毛。

花序＊圆锥花序狭窄，分枝紧贴主轴，直立或斜向上升。

花＊小穗淡绿色或乳白色，含孕性小花2～4枚，顶端由数个不育外稃集成小球形；颖膜质，两颖几等长；外稃草质，背面颖粒粗糙；内稃短于外稃或相等。

果实＊颖果褐色，纺锤形，有光泽。

花果期＊花期4～7月，果期5～8月。

园内分布＊分布于6、13、20区。

259

雀麦
Bromus japonicus

禾本科　雀麦属

外观＊一年生草本，高40～90厘米。
根茎＊秆直立。
叶＊叶鞘闭合，被柔毛；叶舌先端近圆形；叶片两面生柔毛。
花序＊圆锥花序疏松开展，分枝与小穗柄长于小穗。
花＊小穗黄绿色；颖近等长，第一颖具3～5脉，第二颖具7～9脉；外稃椭圆形，具9脉，芒与外稃等长或略短；内稃明显短于外稃。
果实＊颖果较薄而扁平。
花果期＊花果期5～7月。
园内分布＊分布于6区。

260

丛生隐子草

Cleistogenes caespitosa

禾本科　隐子草属

外观＊多年生草本，株高20～45厘米。

根茎＊秆纤细，丛生，黄绿色或紫褐色，基部常具短小鳞芽。

叶＊叶鞘无毛，鞘口具长柔毛；叶舌具短纤毛；叶片线形，扁平或内卷。

花序＊圆锥花序，开展，分枝常斜上，花序幼小时隐藏于叶鞘内。

花＊小穗含3～5小花，稀1枚；颖卵状披针形，近膜质，第一颖短于第二颖；外稃披针形，具5脉，边缘具柔毛，第一外稃先端具短芒；内稃与外稃近等长。

果实＊颖果。

花果期＊花期7月，果期8～9月。

园内分布＊分布于3、4、13、20区。

261

画眉草

Eragrostis pilosa

禾本科　画眉草属

外观＊一年生草本，高20～60厘米。

根茎＊秆丛生，直立或基部膝曲，通常具4节，光滑。

叶＊叶鞘松裹茎，扁压，鞘缘近膜质，鞘口有长柔毛；叶舌为一圈纤毛；叶片线形扁平或蜷缩，无毛。

花序＊圆锥花序开展或紧缩，分枝单生，基部近轮生，腋间有长柔毛。

花＊小穗具柄，含4～14小花；颖膜质，披针形。第一颖无脉，第二颖具1脉；第一外稃广卵形，具3脉；内稃长，稍弓形弯曲，脊上有纤毛，迟落或宿存，外稃稍长于内稃。

果实＊颖果长圆形。

花果期＊花果期6～9月。

园内分布＊分布于20区。

262

鹅观草
Roegneria kamoji

禾本科　鹅观草属

外观＊多年生草本，高30～80厘米。

根茎＊秆丛生，直立或基部倾斜。

叶＊叶鞘外侧边缘常具纤毛；叶片扁平。

花序＊穗状花序，弯曲或下垂。

花＊小穗绿色或带紫色，含3～10小花；颖卵状披针形至长圆状披针形，芒直立，边缘为宽膜质，第二颖长于第一颖；第一外稃先端延伸成芒，芒粗糙，劲直或上部稍有曲折；内稃约与外稃等长，脊明显具翼。

果实＊颖果顶端具毛茸，腹面微凹陷或具浅沟。

花果期＊花果期5～7月。

园内分布＊分布于6、13、20区。

纤毛鹅观草

Roegneria ciliaris

禾本科　鹅观草属

外观＊多年生草本，高40～80厘米。

根茎＊秆单生或成疏丛，直立，基部节常膝曲，平滑无毛，常被白粉。

叶＊叶鞘无毛，稀在基部叶鞘于接近边缘处具柔毛；叶片扁平，两面均无毛，边缘粗糙。

花序＊穗状花序直立或多少下垂。

花＊小穗通常绿色，含7～10小花；颖椭圆状披针形，边缘与边脉上具纤毛，第一颖和第二颖近等长；外稃长圆状披针形，边缘具长而硬的纤毛，第一外稃顶端延伸成粗糙反曲的芒；内稃长为外稃的2/3，先端钝头，脊的上部具少许短小纤毛。

果实＊颖果顶端具毛茸，腹面微凹陷或具浅沟。

花果期＊花果期5～7月。

园内分布＊分布于6、20区。

长芒草
Stipa bungeana

禾本科　针茅属

外观＊多年生草本，高20～60厘米。

根茎＊须根坚韧；秆紧密丛生，基部膝曲，有2～5节。

叶＊叶鞘光滑无毛或边缘具纤毛，基生者有隐藏小穗；基生叶舌钝圆形，秆生者披针形；叶片纵卷似针状，基生叶长于茎生叶。

花序＊圆锥花序被顶生叶鞘所包，成熟后渐抽出，每节有2～4细弱分枝。

花＊小穗灰绿色或紫色；两颖近等长，先端延伸成细芒；外稃背部沿脉密生短毛，芒两回膝曲扭转，有光泽，边缘微粗糙，芒针细发状；内稃与外稃等长，具2脉。

果实＊颖果长圆柱形。

花果期＊花期5～6月，果期7～8月。

园内分布＊分布于13区。

265

牛筋草

别名：蟋蟀草

Eleusine indica

禾本科 穆[cǎn]属

外观＊一年生草本，高10～50厘米。

根茎＊根系极发达；秆丛生，基部倾斜。

叶＊叶鞘两侧压扁而具脊，松弛，无毛或疏生疣毛；叶舌长约1毫米；叶片平展，线形，无毛或表面被疣基柔毛。

花序＊穗状花序2～7个指状着生于秆顶，稀单生。

花＊小穗含3～6小花；颖披针形，具脊，脊粗糙，第一颖稍短于第二颖；第一外稃卵形，膜质，具脊，脊上有狭翼；内稃短于外稃，具2脊，脊上具狭翼。

果实＊囊果卵形，基部下凹，具明显波状皱纹。

花果期＊花果期6～10月。

园内分布＊全园广泛分布。

266

虎尾草

Chloris virgata

禾本科　虎尾草属

外观＊一年生草本，高20～60厘米。

根茎＊秆直立或基部膝曲，光滑无毛。

叶＊叶鞘背部具脊，包卷松弛，无毛；叶舌无毛或具纤毛；叶片线形，两面无毛或边缘及上面粗糙。

花序＊穗状花序数枚，指状着生于秆顶，常直立而并拢成毛刷状，幼时包藏于顶叶之膨胀叶鞘中，成熟时常带紫色。

花＊小穗无柄；颖膜质，1脉；第一小花两性，外稃顶端尖或有时具2微齿，芒自背部顶端稍下方伸出；第二小花不孕，仅存外稃，顶端截平或略凹。

果实＊颖果纺锤形。

花果期＊花期6～7月，果期7～9月。

园内分布＊全园广泛分布。

野牛草
Buchloe dactyloides

禾本科　野牛草属

外观＊多年生低矮草本植物；株纤细，高5～25厘米。
根茎＊匍匐茎发达。
叶＊叶鞘紧密裹茎，疏生柔毛；叶舌具细柔毛；叶片粗糙，细线形。
花序＊雌雄同株或异株，雄花序2～3枚总状排列的穗状花序，草黄色；雌性小穗常4～5枚簇生成头状花序。
花＊雄性小穗含2小花，无柄，成二列紧密覆瓦状排列于穗之一侧；颖不等长。雌性小穗含1小花。
果实＊颖果。
花果期＊6～8月。
园内分布＊分布于20、21区。

268

糠稷
Panicum bisulcatum

禾本科　黍属

外观＊一年生草本，高60～100厘米。

根茎＊秆纤细，较坚硬，直立或基部伏地，节上可生根。

叶＊叶鞘松弛，边缘被纤毛；叶舌膜质，顶端具纤毛；叶片质薄，狭披针形，几无毛。

花序＊圆锥花序，分枝纤细，斜举或平展，无毛或粗糙。

花＊小穗含2小花，绿色或有时带紫色，具细柄；第一颖近三角形，具1～3脉，基部略微包卷小穗；第二颖与第一外稃同形，外被细毛或后脱落；第二外稃椭圆形，成熟时黑褐色。

果实＊颖果。

花果期＊花果期7～9月。

园内分布＊分布于20区。

269

光头稗

Echinochloa colonum

禾本科　稗属

外观＊一年生草本，高50～90厘米。

根茎＊秆光滑无毛，基部倾斜或膝曲，通常丛生。

叶＊叶鞘疏松裹秆，平滑无毛，下部者长于节间而上部者短于节间；无叶舌；叶片扁平，线形，中央有一淡白色纵脉。

花序＊圆锥花序直立，近尖塔形；主轴具棱，粗糙或具疣基长刺毛；分枝斜上举或贴向主轴；穗轴粗糙。

花＊小穗卵形，密集在穗轴的一侧；第一颖短于小穗，第二颖与小穗等长；第一外稃草质，顶端延伸成一粗壮的芒，内稃薄膜质；第二外稃成熟后变硬，顶端具小尖头。

果实＊颖果椭圆形，白色或棕色，坚硬。

花果期＊花果期7～9月。

园内分布＊分布于16、18、20区。

270

马唐

Digitaria sanguinalis

禾本科　马唐属

外观＊一年生草本，高20～60厘米。

根茎＊秆直立或下部倾斜，膝曲上升，无毛或节生柔毛，节上可生根。

叶＊叶鞘短于节间，无毛或散生疣基柔毛；具叶舌；叶片线状披针形，边缘较厚，微粗糙，略具毛。

花序＊总状花序，数个指状着生于主轴上；穗轴直伸或开展。

花＊小穗椭圆状披针形；第一颖小，第二颖边缘大多具柔毛；第一外稃等长于小穗，边脉上具小刺状粗糙，第二外稃近革质，灰绿色，等长于第一外稃。

果实＊颖果。

花果期＊花果期6～9月。

园内分布＊全园广泛分布。

271

金色狗尾草

Setaria glauca

禾本科　狗尾草属

外观＊一年生草本，高20～90厘米，单生或丛生。

根茎＊秆直立或基部倾斜膝曲，近地面节可生根，光滑无毛。

叶＊叶鞘下部扁压具脊，光滑无毛，边缘薄膜质；叶舌具纤毛，叶片线状披针形，近基部疏生长柔毛。

花序＊圆锥花序紧密呈圆柱状，直立。

花＊通常在一簇中仅具一个发育的小穗，小穗下具由不发育小枝而成的芒状刚毛，刚毛宿存不和小穗同时脱落，刚毛金黄色或稍带褐色，数条成簇着生。

果实＊颖果。

花果期＊花果期6～9月。

园内分布＊分布于13、20区。

狗尾草
Setaria viridis

禾本科　狗尾草属

外观＊一年生草本，高10～60厘米。

根茎＊根为须状；秆直立或基部膝曲。

叶＊叶鞘松弛，边缘具较长的密绵毛状纤毛；叶舌具纤毛；叶片扁平，线状披针形，边缘粗糙。

花序＊圆锥花序紧密呈圆柱状，直立或稍弯垂，刚毛粗糙，绿色或褐黄到紫红或紫色。

花＊小穗2～5个簇生于主轴上或更多的小穗着生在短小枝上，小穗下具由不发育小枝而成的芒状刚毛，刚毛宿存不和小穗同时脱落，数条成簇着生。

果实＊颖果。

花果期＊花果期6～10月。

园内分布＊全园广泛分布。

273

白茅
Imperata cylindrica

禾本科　白茅属

外观＊多年生草本，高30～80厘米。

根茎＊具粗壮的长根状茎；秆直立，具1～3节，节无毛。

叶＊叶鞘聚集于秆基，老后破碎呈纤维状；叶舌膜质；秆生叶片窄线形，通常内卷，被白粉，基部上面具柔毛；顶生叶片短小。

花序＊圆锥花序稠密。

花＊小穗成对或有时单生，基部具长柔毛；两颖草质及边缘膜质；第二外稃，长约为颖之半，卵圆形，顶端具齿裂及纤毛。

果实＊颖果椭圆形。

花果期＊花期4～6月，果期6～7月。

园内分布＊分布于19区。

求米草

Oplismenus undulatifolius

禾本科　求米草属

外观＊一年生草本。

根茎＊秆纤细，基部平卧地面，向上斜生，节处生根。

叶＊叶鞘密被毛；叶舌膜质，短小；叶片扁平，披针形至卵状披针形，常具细毛，常皱而不平。

花序＊圆锥花序，分枝，主轴密被长柔毛；小穗卵圆形，被硬刺毛，簇生于主轴。

花＊颖草质，第一颖顶端具硬直芒，第二颖顶端芒短；第一外稃草质，与小穗等长，第一内稃通常缺，第二外稃革质。

果实＊颖果，椭圆形。

花果期＊花果期7～10月。

园内分布＊分布于13区。

322

275

虱子草
Leptochloa panicea

禾本科　千金子属

外观＊一年生草本。
根茎＊秆较细弱，高30～60厘米。
叶＊叶鞘疏生柔毛；叶舌膜质；叶片质薄，扁平，略具毛。
花序＊圆锥花序，分枝细弱，微粗糙；小穗灰绿色或带紫色，含2～4小花。
花＊颖膜质，第一颖较狭窄，顶端渐尖，第二颖较宽；外稃脉上被细短毛，第一外稃顶端钝；内稃稍短于外稃，脊上具纤毛。
果实，颖果，圆球形。
花果期＊花果期7～10月。
园内分布＊分布于17、18区。

碎米莎草

Cyperus iria

莎草科 莎草属

外观＊一年生草本，高8～50厘米。

根茎＊无根状茎，具须根；秆丛生，细弱或稍粗壮，扁三棱形。

叶＊基部具少数叶，叶短于秆，平张或折合，叶鞘红棕色或棕紫色。

花序＊长侧枝聚伞花序复出，具4～9个辐射枝，每个辐射枝具5～10个穗状花序；穗状花序卵形或长圆状卵形，具5～22个小穗。

花＊小穗排列松散，斜展开，长圆形、披针形或线状披针形，压扁，具6～22花；小穗轴上近于无翅；鳞片排列疏松，膜质，宽倒卵形，有3～5条脉；雄蕊3，花药短，椭圆形；花柱短，柱头3。

果实＊小坚果倒卵形或椭圆形，三棱形，褐色，具密的微突起细点。

花果期＊花果期6～8月。

园内分布＊分布于26区。

香附子

Cyperus rotundus

莎草科 莎草属

外观＊多年生草本。

根茎＊匍匐根状茎长，具椭圆形块茎；秆稍细弱，锐三棱形，平滑，基部呈块茎状。

叶＊叶较多，短于秆，平张；鞘常裂成纤维状；叶状苞片长于或短于花序；长侧枝聚伞花序简单或复出，具辐射枝。

花序＊穗状花序轮廓为陀螺形，稍疏松，具3～10个小穗；小穗斜展开，线形具8～28朵花。

花＊小穗轴具白色透明的翅；鳞片复瓦状排列，稍密膜质，具5～7条脉；雄蕊3，花药线形，暗血红色，药隔突出于花药顶端。

果实＊小坚果长圆状倒卵形，三棱形，具细点。

花果期＊花果期5～9月。

园内分布＊分布于20区。

325

青绿薹草

Carex breviculmis

莎草科　薹草属

外观＊多年生草本，高10～40厘米。

根茎＊根状茎短；秆丛生，纤细，三棱形，上部稍粗糙，基部叶鞘淡褐色，撕裂成纤维状。

叶＊叶短于秆，平张，边缘粗糙，质硬。

花序＊花序不超出叶丛，或稍突出。

花＊小穗2～5个，顶生小穗雄性，长圆形，近无柄，下面具雌小穗；侧生小穗雌性，长圆形或长圆状卵形，少有圆柱形，具稍密生的花，无柄或最下部的具短柄。

果实＊小坚果紧包于果囊中，卵形，栗色。

花果期＊花果期5～7月。

园内分布＊分布于3区。

涝峪薹草

Carex giraldiana

莎草科　薹草属

外观＊多年生草本，高20～25厘米。

根茎＊根状茎木质，匍匐；秆扁三棱形，平滑，基部具淡褐色分裂成纤维状的老叶鞘。

叶＊叶短于或等长于秆，边缘粗糙，反卷，淡绿色，稍坚硬。

花序＊小穗3～5个，彼此远离；顶生雄性，棒状圆柱形；侧生雌性，卵形，具3～5花，较密集。

花＊雌花鳞片长圆形，顶端近截形，淡黄白色，背面中间3条脉绿色，延伸成粗糙的短尖。

果实＊小坚果紧包于果囊中，倒卵状三棱形。

花果期＊花果期4～5月。

园内分布＊分布于3、7、19区。

280

异穗薹草
Carex heterostachya

莎草科　薹草属

外观＊多年生草本，高15~35厘米。

根茎＊根状茎具长的地下匍匐茎；秆三棱形，基部具红褐色无叶片的鞘，老叶鞘常撕裂成纤维状。

叶＊叶短于秆，平张，质稍硬，边缘粗糙，具稍长的叶鞘。

花序＊小穗3~4个，常较集中生于秆的上端，间距较短，上端1~2个为雄小穗，长圆形或棍棒状；其余为雌小穗，卵形或长圆形。

花＊雄花鳞片膜质，褐色；雌花鳞片膜质，中间淡黄褐色，两侧褐色。

果实＊小坚果较紧地包于果囊内，宽倒卵形或宽椭圆形，三棱形。

花果期＊花果期4~6月。

园内分布＊分布于26区。

281

虎掌

别名：掌叶半夏

Pinellia pedatisecta

天南星科　半夏属

外观＊多年生草本。

根茎＊根密集，肉质；块茎近圆球形。

叶＊叶1～3或更多，叶柄淡绿色，下部具鞘；叶片鸟足状分裂，披针形，渐尖，基部渐狭，楔形。

花序＊肉穗花序；花序柄直立，长于叶，佛焰苞淡绿色。

花＊雄花在花序上部，生于肉穗花序轴上，黄绿色；雌花在肉穗花序下部，生于佛焰苞上，淡绿色。

果实＊小浆果卵圆形，绿色至黄白色。

花果期＊花期6～7月，果期9～11月。

园内分布＊分布于13区。

半夏

Pinellia ternata

天南星科　半夏属

外观＊多年生草本。

根茎＊块茎圆球形，具须根。

叶＊一年生为单叶，全缘，心状箭形至椭圆状箭形；2～3年生为具3小叶的复叶，全缘，小叶片长圆状椭圆形或披针形；叶柄基部具鞘。

花序＊肉穗花序；花序柄直立，长于叶柄。佛焰苞绿色或绿白色。

花＊雄花在花序上部，生于肉穗花序轴上，白色；雌花在肉穗花序下部，生于佛焰苞上，淡绿色。

果实＊浆果卵圆形，黄绿色。

花果期＊花期5～7月，果期8月。

园内分布＊分布于13、20区。

鸭跖草

Commelina communis

鸭跖草科　鸭跖草属

外观＊一年生草本。

根茎＊茎基部匍匐生长，节上生根，上部枝条上升。

叶＊单叶互生；披针形至卵状披针形；几无柄，基部有膜质短叶鞘，白色，疏生软毛。

花序＊聚伞花序；通常只有2朵花，生于一对折的绿色苞片内，开花时其中1朵突出于苞外。

花＊萼片3；花瓣3，侧生的两个花瓣蓝色，较大，另一个花瓣白色而小；发育雄蕊3。

果实＊蒴果椭圆形，2片裂。

花果期＊花果期6～10月。

园内分布＊分布于6区。

284

饭包草

别名：火柴头

Commelina bengalensis

鸭跖草科　鸭跖草属

外观＊多年生草本。

根茎＊茎大部分匍匐，节上生根，上部及分枝上部上升，被疏柔毛。

叶＊单叶互生；卵形，顶端钝或急尖，近无毛；具明显的叶柄，叶鞘口沿有疏而长的睫毛。

花序＊总苞片常数个集于枝顶，基部常合生成漏斗状（鸭跖草苞片基部离生），被疏毛；聚伞花序。

花＊萼片3；花瓣3，侧生的两个花瓣蓝色，较大，另一个花瓣白色而小；雄蕊6，能育3。（花比鸭跖草小）。

果实＊蒴果椭圆状，开裂。

花果期＊花果期7～10月。

园内分布＊分布于13区。

知母

Anemarrhena asphodeloides

百合科　知母属

外观＊多年生草本。

根茎＊根状茎粗，为残存的叶鞘所覆盖。

叶＊叶基生；线形，先端渐尖，基部渐宽成鞘状，平行叶脉。

花序＊花葶自叶丛中抽出，远长于叶；花2～3朵簇生，成总状花序。

花＊花粉红色、淡紫色至白色；花被片6，在基部稍合生；雄蕊3，生于内花被片近中部。

果实＊蒴果狭椭圆形，顶端有短喙。

花果期＊花期5～7月，果期7～9月。

园内分布＊分布于17、20区（科普园）。

玉簪

Hosta plantaginea

百合科　玉簪属

外观＊多年生草本。

根茎＊根状茎粗厚。

叶＊叶大，成簇基生；卵状心形、卵形或卵圆形，先端近渐尖，基部心形，具弧形脉和纤细的横脉；叶柄大多长于叶片。

花序＊花葶从叶丛中央抽出；顶端具总状花序，具花数朵。

花＊花被片漏斗状，6裂，开展；花白色，芳香；雄蕊与花被近等长或略短；花柱长于雄蕊。

果实＊蒴果圆柱状，有三棱。

花果期＊花期6～8月，果期8～10月。

园内分布＊分布于1、17、20区（科普园）。

334

287

紫萼

Hosta ventricosa

百合科　玉簪属

外观＊多年生草本。

根茎＊具根状茎。

叶＊叶基生；卵状心形、卵形至卵圆形，先端通常近短尾状或骤尖，基部心形或近截形；叶柄长于叶片。

花序＊花葶从叶丛抽出；顶端具总状花序，具花数朵。

花＊花单生；盛开时从花被管向上骤然作近漏斗状扩大，紫色，具花梗；雄蕊伸出花被之外，完全离生。

果实＊蒴果圆柱状，有三棱。

花果期＊花期6～8月，果期7～9月。

园内分布＊分布于20区（科普园）。

'金娃娃'萱草

Hemerocallis fulva 'Golden Baby'

百合科　萱草属

外观＊多年生草本，植株低矮。

根茎＊具短根状茎和肉质肥大的纺锤形根。

叶＊叶基生，排成两排，线形。

花序＊花莛粗壮，由聚伞花序组成圆锥花序，具花6~12朵或更多。

花＊苞片卵状披针形；花金黄色，无香味，花被裂片6；雄蕊和花柱均外伸。花期较长，单花可持续开放数天。

果实＊蒴果长圆形。

花果期＊5~8月。

园内分布＊分布于20（科普园）、23区。

289

薤白
Allium macrostemon

百合科　葱属

外观＊多年生草本。
根茎＊鳞茎近球状，基部常具小鳞茎；鳞茎外皮带黑色，纸质或膜质，不破裂。
叶＊叶3～5枚，半圆柱状，中空，上面具沟槽，比花葶短。
花序＊伞形花序半球状至球状，花多而密集，或间具珠芽或有时全为珠芽；小花梗近等长；花葶圆柱状，下部被叶鞘。
花＊花被片矩圆状卵形至矩圆状披针形；花淡紫色或淡红色；花丝稍长于花被片；花柱伸出花被外。
果实＊蒴果近球形。
花果期＊花果期5～7月。
园内分布＊分布于13区。

290

铃兰
Convallaria majalis

百合科　铃兰属

外观＊多年生草本，全株无毛。

根茎＊根状茎匍匐生长。

叶＊叶常2枚；椭圆形或卵状披针形，先端近急尖，基部楔形；叶柄于叶片近等长。

花序＊花葶稍外弯；总状花序偏向一侧。

花＊花白色；顶端6浅裂，裂片卵状三角形，先端锐尖；雄蕊6，花丝稍短于花药；花柱柱状。

果实＊浆果球形，熟后红色，稍下垂。

花果期＊花期5～6月，果期7～8月。

园内分布＊分布于2区。

338

玉竹

Polygonatum odoratum

百合科　黄精属

外观＊多年生草本，高20～50厘米。

根茎＊根状茎圆柱形，具节；茎上端向一侧弯拱，叶偏向另一侧。

叶＊单叶互生；椭圆形至卵状矩圆形，先端尖，叶面带灰白色，叶背脉上平滑至呈乳头状粗糙。

花序＊总状花序，腋生；常具1～4花；总花梗短。

花＊花被筒状钟形，先端6裂；花黄绿色至白色；雄蕊6，着生于花被筒中部。

果实＊浆果球形，成熟后蓝黑色。

花果期＊花期5～6月，果期7～9月。

园内分布＊分布于2区。

292

兴安天门冬

Asparagus dauricus

百合科　天门冬属

外观＊多年生直立草本，高约30～70厘米。

根茎＊根细长；茎和分枝有条纹，有时幼枝具软骨质齿。

叶＊叶状枝每1～6枚成簇，通常全部斜立，呈稍扁的圆柱形，有时有软骨质齿；鳞片状叶基部无刺。

花序＊花单性，雌雄异株；花每2朵腋生。

花＊黄绿色；雄花花梗和花被近等长，花丝大部分贴生于花被片上；雌花极小，花被短于花梗。

果实＊浆果球形。

花果期＊花期5～6月，果期7～9月。

园内分布＊分布于13区。

麦冬

Ophiopogon japonicus

百合科　沿阶草属

外观＊多年生草本。

根茎＊根较粗，常膨大成椭圆形或纺锤形的小块根；地下匍匐茎细长，节上具膜质的鞘；茎很短。

叶＊叶基生成丛，披针形，边缘具细锯齿。

花序＊花葶通常短于叶；总状花序具花多数；花单生或成对腋生；花梗极短。

花＊花被片6，披针形，白色或淡紫色；雄蕊6，花药三角状披针形；花柱较粗。

果实＊浆果球形或椭圆形，成熟后常呈暗蓝色。果实在发育早期外果皮即破裂而露出种子。

花果期＊花期5~8月，果期8~9月。

园内分布＊分布于3、4、11、23、33区。

马蔺

Iris lactea var. *chinensis*

鸢尾科 鸢尾属

外观＊多年生密丛草本。

根茎＊根状茎短而粗壮，基部具红紫色老叶鞘及毛发状的纤维；须根粗而长，黄白色，少分枝。

叶＊叶坚韧，基生，灰绿色，条形或狭剑形，基部鞘状，带红紫色。

花序＊花茎光滑；苞片披针形，顶端渐尖或长渐尖，内包含花2～4朵。

花＊花浅蓝色、蓝色或蓝紫色；花被片6，上有较深色的条纹，外花被3，较大，下弯，内花被3较小，直立；雄蕊3；花柱3，2裂。

果实＊蒴果长椭圆状柱形。

花果期＊花期4～6月，果期5～7月。

园内分布＊分布于19区。

鸢尾
Iris tectorum

鸢尾科　鸢尾属

外观＊多年生草本。

根茎＊根状茎粗壮，基部具老叶残留的膜质叶鞘及纤维，二歧分枝；须根细而短。

叶＊叶基生，黄绿色，稍弯曲，中部略宽，宽剑形。

花序＊花茎光滑，顶部具短侧枝，中下部具茎生叶；苞片内包含有1～2朵花；花梗甚短。

花＊花蓝紫色；花被裂片6，排成2轮，外轮3枚裂片在花开后常反折下垂，中脉上有不规则的鸡冠状突起；内轮3枚裂片盛开时向外平展；雌蕊花柱上部3分枝，分枝扁平，呈花瓣状；雄蕊藏于花柱分枝之下。

果实＊蒴果长椭圆形或倒卵形，成熟时自上而下3瓣裂。

花果期＊花期4～6月，果期5～7月。

园内分布＊分布于20区（科普园）。

草胡椒

Peperomia pellucida

胡椒科　草胡椒属

外观＊一年生肉质草本，高20～40厘米。

根茎＊茎直立或基部有时平卧，分枝，无毛，下部节上常生不定根。

叶＊叶互生，膜质，半透明，阔卵形或卵状三角形，长和宽近相等，基部心形，两面均无毛；叶脉基出；具叶柄。

花序＊穗状花序顶生和与叶对生，细弱，花疏生，花序轴无毛。

花＊花药近圆形，有短花丝；柱头顶生，被短柔毛。

果实＊浆果球形，顶端尖。

花果期＊花期8～9月，果期10月。

园内分布＊分布于20区。

［1］中国科学院中国植物志编辑委员会. 中国植物志［M］. 北京：科学出版社.

［2］贺士元，尹祖棠，等. 北京植物志 上册［M］. 北京：北京出版社，1984.

［3］贺士元，尹祖棠，等. 北京植物志 下册［M］. 北京：北京出版社，1984.

［4］中国高等植物彩色图鉴编委会. 中国高等植物彩色图鉴 第2卷［M］. 北京：科学出版社，2016.

［5］中国高等植物彩色图鉴编委会. 中国高等植物彩色图鉴 第3卷［M］. 北京：科学出版社，2016.

［6］中国高等植物彩色图鉴编委会. 中国高等植物彩色图鉴 第4卷［M］. 北京：科学出版社，2016.

［7］中国高等植物彩色图鉴编委会. 中国高等植物彩色图鉴 第5卷［M］. 北京：科学出版社，2016.

［8］中国高等植物彩色图鉴编委会. 中国高等植物彩色图鉴 第6卷［M］. 北京：科学出版社，2016.

［9］中国高等植物彩色图鉴编委会. 中国高等植物彩色图鉴 第7卷［M］. 北京：科学出版社，2016.

［10］中国高等植物彩色图鉴编委会. 中国高等植物彩色图鉴 第8卷［M］. 北京：科学出版社，2016.

［11］中国高等植物彩色图鉴编委会. 中国高等植物彩色图鉴 第9卷［M］. 北京：科学出版社，2016.

［12］张天麟. 园林树木1600种［M］. 北京：中国建筑工业出版社，2010.

［13］李振宇，解焱. 中国外来入侵种［M］. 北京：中国林业出版社，2002.

［14］许联瑛. 北京梅花［M］. 北京：科学出版社，2015.

［15］天坛古树编辑委员会. 天坛古树［M］. 北京：中国农业出版社，2015.

［16］李作文，关正君. 园林宿根花卉400种［M］. 辽宁：辽宁科学技术出版社，2007.

［17］牛建忠，刘育俭，李红云，张卉，王艳. 天坛公园野生草地持续利用与管理［M］//北京城市园林绿化与生态文明建设论文集. 北京：科学技术文献出版社，2014.

［18］天坛公园总体规划编辑委员会. 天坛公园总体规划，1992.

［19］袁跃云，张育新. 天坛植物志，1994.

中文名索引

353

拉丁名索引

356

357

358

359

Q

R

S

361

图书在版编目（CIP）数据

天坛公园植物图鉴/北京市天坛公园管理处编著. —北京：中国建筑工业
出版社，2018.10
ISBN 978-7-112-22586-6

Ⅰ.①天… Ⅱ.①北… Ⅲ.①天坛–园林植物–图集 Ⅳ.①S68-64

中国版本图书馆CIP数据核字（2018）第195565号

责任编辑：杜　洁　兰丽婷
书籍设计：张悟静
责任校对：王　烨

天坛公园植物图鉴

北京市天坛公园管理处　编著
＊
中国建筑工业出版社出版、发行（北京海淀三里河路9号）
各地新华书店、建筑书店经销
北京锋尚制版有限公司制版
北京富诚彩色印刷有限公司印刷
＊
开本：700×1000毫米　1/16　印张：23½　字数：596千字
2018年10月第一版　2018年10月第一次印刷
定价：168.00元
ISBN 978 – 7 – 112 – 22586 – 6
　　　（32675）